Christoph Achenbach

Der Beirat für Familienunternehmen

Sparringspartner, Rat- und Ideengeber für Gesellschafter und Geschäftsführung

Ein Leitfaden für die Einrichtung, Besetzung und Kontrolle des Beirats

Christoph Achenbach

Der Beirat für Familienunternehmen

Sparringspartner, Rat- und Ideengeber für Gesellschafter und Geschäftsführung

Ein Leitfaden für die Einrichtung, Besetzung und Kontrolle des Beirats

Edition Familienunternehmen
Herausgegeben von Peter May

INTES
Akademie für Familienunternehmen

ISBN: 978-3-9811783-5-7

INTES
Akademie für Familienunternehmen

Kronprinzenstraße 31 · 53173 Bonn-Bad Godesberg
Telefon: (0228) 3 67 80-61 · Telefax: (0228) 3 67 80-69
Internet: www.intes-akademie.de · E-Mail: info@intes-akademie.de

Research und Redaktion: Peter Neumann
Illustrationen: Axel Ahrens
Infografiken: Ute Lübbeke

Inhalt

Anhang

1. Warum dieses Buch unverzichtbar ist

Vorwort von Dr. Patrick Adenauer

Immer mehr Familienunternehmen installieren einen Beirat. Das ist gut. Und doch ist die Institution „Beirat für Familienunternehmen" noch keineswegs flächendeckend in allen Familienunternehmen akzeptiert. Einer der gängigen Vorbehalte lautet, dass der Beirat vor allem zusätzlichen – als unnütz empfundenen – Aufwand an Zeit und Kosten verursache. Gerade in patriarchalisch geführten Unternehmen ist diese Haltung anzutreffen. Diese Gesellschaften ignorieren, dass ein Beirat in den meisten Fällen seine zusätzlichen Kosten um ein Mehrfaches aufwiegt. Denn dieses Beratungsgremium für Firmenleitung und Gesellschafter kann sehr viel zur besseren Performance am Markt und zur langfristigen Zukunftssicherung eines familiengeführten Unternehmens beitragen.

Um dies zu erreichen, müssen Unternehmensleitung und Gesellschafter allerdings einige Vorleistungen erbringen. Sie müssen erstens die Entscheidung zur Einrichtung eines Beirats aus ganzem Herzen unterstützen. Das heißt, sie müssen den Beirat mit allen für seine Arbeit notwendigen Informationen versehen und überhaupt seine Arbeit mit Wohlwollen begleiten. Und sie müssen zweitens bei der Auswahl der Beiratsmitglieder und der inneren Organisation der Beiratsarbeit ein hohes Maß an Professionalität an den Tag legen. Dies umso mehr, da gute – das heißt in diesem Fall unternehmerisch denkende Persönlichkeiten von hochgradiger Integrität – nur schwer zu finden und für die Arbeit als Beirat zu gewinnen sind. Denn nur wenn diese Voraussetzungen – volle Unterstützung und professionelles Vorgehen – erfüllt sind, kann der Beirat wirklich die Wirkung entfalten, die seine Befürworter sich wünschen und die ihn so wertvoll machen (kann).

Viele Unternehmen stellen sich sicher mit bestem Willen dieser Aufgabe, die für manche auch eine Herausforderung darstellt. Aber die gute Absicht reicht leider nicht immer. Der sprichwörtliche Teufel steckt wie so oft im Detail. Dies weiß ich aus meiner eigenen Tätigkeit als Beirat und Aufsichtsrat in verschiedenen Unternehmen. Daher ist das vorliegende Buch so wertvoll: Dr. Christoph Achenbach zeigt darin allen Unternehmen, die einen Beirat einrichten wollen, den Weg zur erfolgreichen Verwirklichung dieser Absicht. Mehr noch: Alle Familiengesellschaften, die das Thema Beirat eher skeptisch oder ablehnend betrachten, erhalten eine Fülle von nützlichen Informationen, um den eigenen Standpunkt zu überdenken und ggf. zu revidieren. Und jene Unternehmen, die bereits einen Beirat berufen haben, können mit den Hinweisen des erfahrenen Praktikers Christoph Achenbach die eigenen Abläufe und Gepflogenheiten kritisch hinterfragen.

Für mich – und unseren Verband – ist es ein wichtiges Anliegen, dass Familienunternehmen so professionell wie möglich geführt werden. Gerade in jenen Firmen, in denen ein Mitglied der Eigentümerfamilie auch die operative Führung verantwortet, kann man oft eine gewisse Einsamkeit des Mannes (oder der Frau) an der Spitze beobachten. Er sucht Gesprächspartner, mit denen er seine alltäglichen kleinen und ebenso die großen Probleme eines Unternehmensführers diskutieren kann. Solche Persönlichkeiten findet er aber nur außerhalb des Unternehmens, und wahrscheinlich auch nur außerhalb der Familie.

Dies ist die geradezu klassische Konstellation zur Einrichtung eines Beirats: ein Kreis von gestandenen (Unternehmer-)Persönlichkeiten, denen der einsame Chef voll vertraut, denen er auf Augenhöhe begegnet und die seine Probleme durch die gleiche Brille sehen wie er selbst.

Mit solchen Persönlichkeiten kann er geschäftliche Dinge ebenso erörtern wie Probleme in der Familie – Stichwort Nachfolge – oder Streitigkeiten im Gesellschafterkreis. In diesem Sinne ist ein Beirat für viele Familienunternehmen eine segensreiche Einrichtung, vor allem für Familienunternehmen, in denen der Gründer oder der Repräsentant der aktuellen Gesellschafter die Führungsspitze bildet.

Steht an der Spitze der Geschäftsführung hingegen ein angestellter Manager, bekommt der Beirat eine andere Funktion zugewiesen. Er bildet dann zunächst das Scharnier zwischen Geschäftsführung und Gesellschaftern, beispielsweise in grundsätzlichen Fragen der strategischen Ausrichtung. Gleichzeitig aber übernimmt der Beirat in Unternehmen dieses Typs die wichtige Aufgabe, sozusagen als Treuhänder der Gesellschafter die Geschäftsführung zu überwachen. Das Beiratsgremium verkörpert dann das unternehmerische Element in der Kontrolle der Geschäftsführung.

Über alle diese Möglichkeiten und vorteilhaften Auswirkungen eines Beirats bestehen innerhalb der Unternehmerschaft leider noch zu viele Kenntnislücken. Darum freue ich mich, dass Christoph Achenbach sich nicht nur dieses wichtigen Themas angenommen hat. Mehr noch: Er hat einen lesenswerten, mit kenntnisreichen Fakten und praktischen Hinweisen gespickten Ratgeber verfasst, den alle Familienunternehmen kennen sollten. Zudem ist das Buch erfreulich kompakt gehalten, so dass es alle, die einen Beirat einrichten wollen, die einen Beirat haben und auch besonders die, die sich bisher bewusst gegen einen Beirat entschieden haben, mit wenig Zeitaufwand und umso mehr Gewinn lesen können.

Dr. Patrick Adenauer
ist Geschäftsführender Gesellschafter der Kölner Unternehmensgruppe Bauwens GmbH & Co. KG und Präsident von Die Familienunternehmer – ASU

2. Warum ein Beirat unverzichtbar ist

Vorwort des Autors

Guter Rat mag zwar teuer sein. Aber ein guter Beirat ist sein Geld allemal wert, versichert der Unternehmer und Verbandspräsident Dr. Patrick Adenauer im Vorwort. Der Rat des Beirats muss zudem gar nicht teuer sein.

Tatsächlich: Immer mehr Gesellschafter und Geschäftsführende Gesellschafter deutscher Familienunternehmen entdecken, dass die Installation eines solchen Gremiums praktisch nur Vorteile bietet. Dies ist nicht zuletzt darauf zurückzuführen, dass die Kompetenz der Beiräte in den letzten Jahren spürbar und sichtbar zugenommen hat: Früher waren sie Ratgeber mit lockerer Anbindung an die Entscheider, waren manchmal auch den Eigentümern freundschaftlich verbundene

Wegbegleiter. Heute sind sie überwiegend echte Profis, die ihr Know-how in die Unternehmen einbringen. Das bedeutet auch: Die Zeiten, in denen Beiräte vor allem wegen des damit verbundenen Prestiges und der Erweiterung des persönlichen Netzwerks ein Mandat angenommen haben, sind passé.

Beiräte sind aus vielen Gründen unverzichtbar. Ein wichtiger Grund besteht in dem „systemimmanenten“ Dilemma vieler Familienunternehmen: Sie starten in der ersten Generation mit dem Gründer – sozusagen dem Alleinherrscher – in den Markt. In den folgenden Generationen vollzieht sich, oft unvermeidbar, eine Zersplitterung der Anteile: Söhne, Töchter, Enkel, Neffen und Cousins erhalten Stimmrechte und Einfluss. Das Problem besteht nun darin, dass die verschiedenen Anteilsinhaber eben auch verschiedene Interessen verfolgen. Und je weiter sie von der unmittelbaren Unternehmensführung entfernt sind – möglicherweise auch ohne jegliche emotionale Bindung an das Unternehmen –, umso schwerer wird es für die Gesellschafter, an einem Strang zu ziehen. Wenn hier eine Instanz zwischengeschaltet wird, die das Interesse der Eigentümer und das Interesse des Unternehmens gleichermaßen im Auge hat und aus dieser Grundposition heraus zu einer Ent-Emotionalisierung der Entscheidungsfindung verhilft – eben ein Beirat –, dann besteht eine große Wahrscheinlichkeit, dass nicht nur das Unternehmen in seiner Existenz gesichert wird, sondern dass es eine gedeihliche, profitable Entwicklung vollziehen kann.

Der Beirat geht dann in die Position des neutralen Schiedsrichters, der im Kräftedreieck aus Generationsrivalitäten, Geschwisterrivalitäten und den im Management aktiven Gesellschaftern nach bestem Wissen und Gewissen vermittelt. Mit der alles überragenden Maßgabe, das sichere Verbleiben des Unternehmens in der Hand der Familie zu gewährleisten.

Um es auf den Punkt zu bringen: Zentrale Herausforderung einer verantwortungsbewussten Unternehmensführung (Corporate Governance) ist in Publikumsgesellschaften, idealtypisch machtlose Eigentümer vor der Unfähigkeit und der Willkür ihrer Vertreter in den Verwaltungsorganen des Unternehmens zu schützen. Demgegenüber besteht die Herausforderung in Familienunternehmen darin, idealtypisch machtvolle Eigentümer auf einen verantwortungsvollen Umgang mit ihrer Eigentümerposition zu verpflichten.

Auch äußere Entwicklungen haben die Arbeit eines Beirats in den letzten zehn Jahren gravierend geändert. Die Anforderungen an die Corporate Governance, der gestiegene Wettbewerbsdruck, die verstärkte Internationalisierung der Unternehmen – all dies hat den Bedarf der Unternehmensführer an vertrauensvoller Beratung steigen lassen. Dies gilt für Familieninterne wie -externe gleichermaßen.

Indem die Gesellschafter sich selbst und dem Management einen Beirat an die Seite stellen, das Management sich mit einem Gremium kompetenter Beiräte umgibt, holen sie sich nicht nur erstklassige betriebswirtschaftliche Beratung – sozusagen als Sparringspartner für wichtige Entscheidungen – ins Haus. Sie profitieren zugleich von den persönlichen Netzwerken ihrer Beiräte, was auch zusätzliches Geschäft ermöglicht.

Dies alles trägt letztlich dazu bei, dass die Unternehmensführer ihre Aufgabe mit größerer Perfektion und weniger Reibungsverlusten erfüllen können. Mit dem Ergebnis, dass die von ihnen geführten Firmen auch ihre Marktposition verbessern können: „Unternehmen mit guter Corporate Governance steigern langfristig ihren Wert, reagieren schneller auf Fehlentwicklungen und sind krisenfester“, konstatiert Henning Gebhardt, Fonds-Manager beim Deutsche-Bank-Ableger DWS.

Um diesen Ansprüchen gerecht zu werden, müssen Beiräte heute deutlich mehr Zeit für ihre Tätigkeit einplanen und sich ebenfalls erheblich mehr Akribie auferlegen. „Mit links“ lässt sich die Aufgabe nicht mehr erfüllen.

Alles in allem bedeutet ein Beirat einen großen Gewinn für jedes Unternehmen. Mariel Kleeschulte-Vrochte, Mitinhaberin und Geschäftsführerin der Kleeschulte Erden GmbH & Co. KG in Rüthen, stellt der Institution Beirat sogar die Höchstnote „unverzichtbar“ aus. Ähnlich dezidiert urteilt Wilfried Mocken, Vorstand der Semper idem Underberg AG, Inhaber der Marke Valensina und selbst Beiratsmitglied im eigenen Unternehmen: Für ihn ist der Beirat geradezu „lebensnotwendig“.

Dieser Ratgeber verfolgt daher zwei Ziele. Zum einen richtet er sich an die Entscheidungsinstanzen jener Familienunternehmen, die sich mit dem Gedanken tragen, einen Beirat erstmals einzurichten. Sie erfahren hier, wie sie am besten vorgehen und was dabei zu beachten ist. Zum anderen können sich aber auch Unternehmen, die bereits einen Beirat installiert haben, über den neuesten Stand rund um dieses Thema informieren und die eigene Vorgehensweise kritisch reflektieren. Wobei beiden Adressatengruppen juristische Ausführungen so weit wie möglich erspart bleiben sollen.

Vielmehr werden im Folgenden die brennend wichtigen zentralen Fragen aufbereitet. Es geht um die sieben „großen W" (siehe Chart 1).

Auf jeden Fall ist festzuhalten, dass immer mehr Unternehmen die Vorzüge eines Beirats entdecken, wie eine Studie von INTES belegt. Danach war 2008 in mehr als jedem zweiten Familienunternehmen

Chart 1

Fragenkreis bei der Errichtung/ Überprüfung eines Beirats

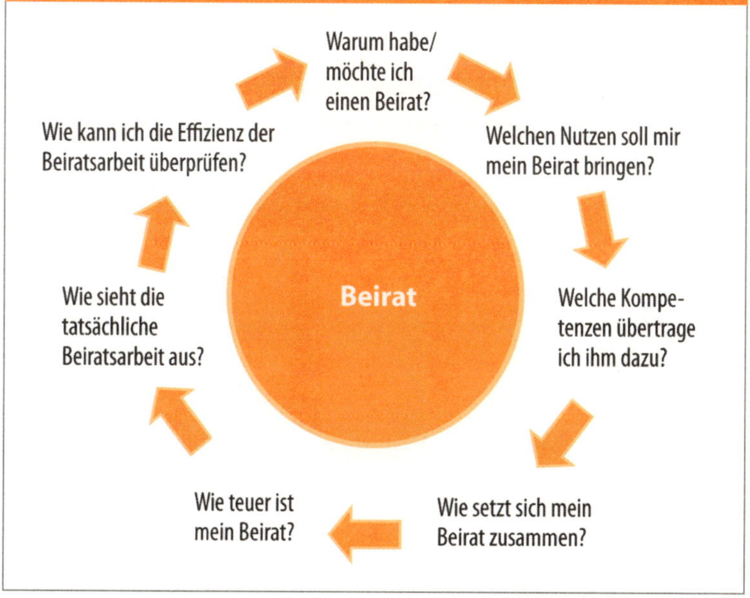

(52 Prozent) ein Beirat vorhanden. Bei einer vergleichbaren Untersuchung im Jahr 2002 hatten lediglich 39 Prozent der Firmen ein solches Gremium installiert.

Dabei ist eine sehr enge Korrelation zwischen Unternehmensgröße und Vorhandensein eines Beirats zu beobachten: Während bei den Unternehmen mit Jahresumsätzen unter 25 Millionen Euro lediglich 26 Prozent einen Beirat besitzen, steigt die Quote mit der Unternehmensgröße kontinuierlich an bis auf einen Wert von 89 Prozent (bei Umsätzen über 500 Millionen Euro). Dies bedeutet nicht, dass kleinere und mittlere Unternehmen der Mehrheit folgend keinen Beirat brauchen. Das Gegenteil ist richtig: Diese Unternehmen haben einen Nachholbedarf, der tunlichst zu decken ist.

Oftmals spiegelt sich im Vorhandensein oder Fehlen eines Beirats auch eine Generationen-Problematik. Denn ganz deutlich ist dieser Trend erkennbar: Je älter die Unternehmen, desto häufiger verfügen sie über einen Beirat. Diesen Zusammenhang illustriert Chart 2.

In vielen dieser Unternehmen ist der Beirat das wichtigste Kontrollgremium. Es liegt auf der Hand, der Einrichtung wie auch der prakti-

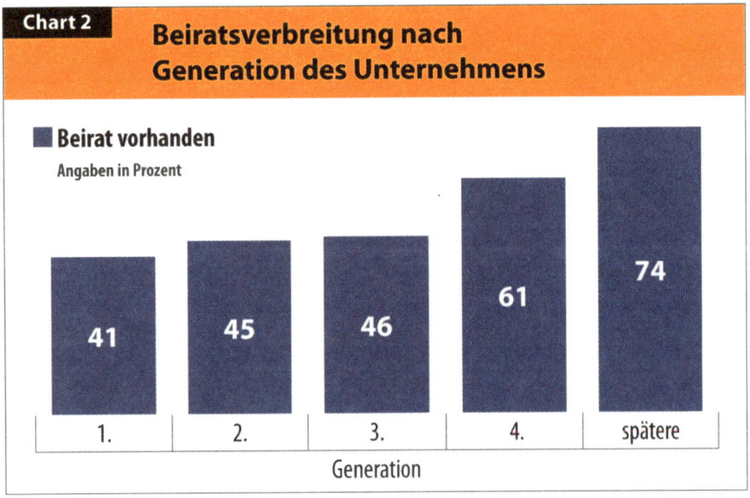

Quelle: INTES

schen Arbeit dieses Gremiums entsprechend auch höchste Aufmerksamkeit zu schenken.

Dass dieses Buch Ihnen eine Fülle von praxisnahen Hinweisen und Empfehlungen geben kann, ist nicht zuletzt den zahlreichen Unternehmern zu verdanken, die bereitwillig Auskunft gaben über ihre Erfahrungen mit ihren Beiräten – und auch als Beiräte. Ihnen gilt mein besonderer Dank. Einige dieser Unternehmer waren einverstanden, in diesem Buch mit vollem Namen genannt zu werden; andere wollten lieber anonym bleiben. Das gilt auch für die im Anhang abgedruckten Dokumente von Familienunternehmen.

Danken möchte ich auch meinen Kollegen und Mitarbeitern bei INTES, die dieses Buchprojekt von Herzen unterstützt haben. Einen besonderen Dank möchte ich dabei an meinen Mitarbeiter Dr. Frederik Gottschalck richten, der maßgeblich zum Gelingen dieses Buchs beigetragen hat. Herzlich danke ich auch dem Kölner Wirtschaftsjournalisten Peter Neumann, der dieses Projekt von Anfang an mit Rat und Tat begleitet hat. Nicht zuletzt gebührt auch meiner Familie ein großer Dank für ihr Verständnis.

So schwergewichtig das Thema Beirat auch für viele Unternehmer sein mag: Es sollte uns nicht daran hindern, es in diesem Buch – da, wo es passt – mit einer gewissen Leichtigkeit zu behandeln. So habe ich den Karikaturisten Axel Ahrens aus Hamburg gebeten, die einzelnen Kapitel mit kleinen Cartoons zu illustrieren. Diese bewirken bei den geschätzten Lesern hoffentlich genauso ein Schmunzeln wie die eingestreuten Aphorismen, die mit einem Hauch von Süffisanz versuchen, aus der Pflicht-Lektüre eine Lust-Lektüre zu machen.

Ich möchte mit einer Entschuldigung schließen: Noch sind Beiräte eine Männer-Domäne, doch Frauen haben die gleiche, manchmal sogar die größere Kompetenz für diese Tätigkeit. Aus Gründen der besseren Lesbarkeit habe ich in diesem Buch jedoch ausschließlich die maskuline Form benutzt.

Christoph Achenbach
Bonn-Bad Godesberg, im Mai 2010

3. Begriffsklärung: Familienunternehmen und Beirat

Einigkeit macht stark, sagen sich die Wassertropfen, die jeder für sich allein ein »Nichts« sind, sich aber in ihrer Gemeinsamkeit in Strömen und Meeren zu unbändiger Kraft bündeln.
*Willy Meurer (*1934), deutsch-kanadischer Kaufmann, Aphoristiker und Publizist*

Ohne klare Begrifflichkeiten geht es nicht. Daher an dieser Stelle ein kurzer Überblick über gängige Definitionen.

3.1 Familienunternehmen

Eine einheitliche Definition gibt es nicht. Unter den Begriff des Familienunternehmens fallen sehr unterschiedliche Arten von Unternehmen, kleine bis hin zu ganz großen, in unterschiedlichsten Rechtsformen geführte Unternehmen sowie Familienunternehmen mit einer reinen Fremdgeschäftsführung genauso wie Unternehmen, die noch von Familienmitgliedern geführt werden.

In der Regel werden als Familienunternehmen solche Gesellschaften bezeichnet, die mehrheitlich von durch Verwandtschaft verbundenen Personen beherrscht werden. Eingehend beschreibt INTES-Gründer Peter May die besonderen Merkmale dieses Unternehmenstyps. Hier leicht gekürzt die entsprechende Passage aus seinem „INTES-Handbuch Familienunternehmen“:

„Von einem Familienunternehmen spricht man, wenn eine oder mehrere miteinander verwandte Personen auf Grund ihrer Kapitalbeteiligung in der Lage sind, in dem betreffenden Unternehmen ihre Werte und Zielvorstellungen durchzusetzen. Hinzukommen muss ein so genannter dynastischer Wille, d.h. die Absicht, den Einfluss der Familie langfristig aufrecht zu erhalten. Zwar werden die meisten Familienbetriebe von Mitgliedern der Eigentümerfamilie geführt. Notwendig ist das aber nicht. Unternehmen wie Henkel und Porsche sind ein sinnfälliger Beleg dafür, welche Gestaltungsmacht eine dominierende Eigentümerfamilie über den Aufsichtsrat selbst in einer börsennotierten Aktiengesellschaft entfalten kann. Und auch der Einfluss der Familie Quandt als Großaktionär von BMW ist bei wichtigen unternehmerischen Weichenstellungen stets spürbar. Denn die Konzentration der Eigentümerschaft auf eine überschaubare Gruppe verwandtschaftlich verbundener Personen, die ein dynastisches Grundverständnis eint, hat wichtige Konsequenzen:

1. Die Eigentümer in Familienunternehmen haben eine starke Stellung, die sie in der Regel auch nutzen.
2. Die Eigentümerschaft ist von großer Kontinuität geprägt. Zu einer Veränderung kommt es in der Regel nur beim Generationswechsel.

3. Als Folge der verwandtschaftlichen Verbundenheit der Unternehmensinhaber kommen zusätzlich familiäre Dynamiken zum Zuge, die mit den klassischen Mitteln der Betriebswirtschaftslehre nicht beherrscht werden können: Generations- und Geschwisterrivalitäten, Neid, Eifersucht und Missgunst etc.
4. Familienunternehmen denken nicht in Quartalen, sondern in Generationen.
5. Familienunternehmen achten auf ihre Unabhängigkeit.
6. Als Folge dieser Prioritätensetzung müssen Familienunternehmen Erfolg mit begrenzten Ressourcen suchen. Zur Finanzierung des Wachstums können und wollen sie nicht auf den Kapitalmarkt zurückgreifen.“

So weit die Charakterisierung von Peter May.

3.2 Rechtliche Einordnung des Beirats

Die Arbeit eines Beirats ist – anders als die des Aufsichtsrats in Aktiengesellschaften – keiner klaren Definition oder gesetzlichen Regelung unterworfen. Der Beirat als Organ ist – sieht man von der Bildung von Pflichtaufsichtsräten und fakultativen Aufsichtsräten ab – weder im Recht der GmbH noch im Personengesellschaftsrecht gesetzlich geregelt. Er ist aber zulässig und in der Praxis bei Familienunternehmen weit verbreitet. Zu unterscheiden ist zwischen Pflichtaufsichtsräten, freiwilligen Aufsichtsräten und fakultativen Beiräten.

Ein Pflichtaufsichtsrat ist kraft Gesetz unter anderem dann zu bilden, wenn die Gesellschaft in der Rechtsform der Aktiengesellschaft geführt wird. Bei anderen Kapitalgesellschaften wie z.B. der GmbH und der KGaA ist es den Gesellschaftern freigestellt, ob sie ein Aufsichts- oder Kontrollgremium installieren. Übersteigt die Mitarbeiterzahl jedoch die Marke von 500, ist die Bildung eines Aufsichtsrats obligatorisch. Den Mitarbeitern steht dann nach dem Mitbestimmungsgesetz ein Drittel der Sitze zu, ab 2000 (bei Montanunternehmen ab 1000) Mitarbeitern die Hälfte.

Freiwillige Aufsichtsräte sind solche Aufsichtsräte, die von den Gesellschaftern unabhängig von der Rechtsform des Unternehmens ohne gesetzliche Verpflichtung gebildet werden. Handelt es sich beispielsweise um eine GmbH mit weniger als 500 Beschäftigten, können die Gesellschafter einen Aufsichtsrat einrichten. In diesem Fall finden die unter § 52 GmbH-Gesetz (GmbHG) aufgeführten aktienrechtlichen Vorschriften Anwendung. Dabei geht es um formale Dinge wie die Häufigkeit und Einberufung der Sitzungen; Zahl, Wahl und Abberufung von Aufsichtsratsmitgliedern; Rechte und Pflichten sowie die Vergütung der Aufsichtsratsmitglieder.

Handelt es sich weder um einen Pflichtaufsichtsrat noch um einen freiwilligen Aufsichtsrat nach § 52 GmbHG, dann ist es ein so genanntes fakultatives Gremium, dessen Einrichtung auf einem Willensentschluss des/der Gesellschafter(s) des Unternehmens beruht. Und dieses wird dann meist als Beirat bezeichnet. Gelegentlich findet man aber auch andere Bezeichnungen wie z.B. Verwaltungsrat, Familienrat, Gesellschafterrat oder auch Aufsichtsrat (dann aber nicht im gesetzlichen Sinn). Gemeint ist aber in der Regel das gleiche: ein von den Gesellschaftern freiwillig eingerichtetes Gremium, dessen Aufgaben und Kompetenzen die Gesellschafter weitgehend frei definieren können.

Obwohl ein Beirat grundsätzlich bei jeder Rechtsform eingerichtet werden kann, ist er bei der Aktiengesellschaft aufgrund des zwingend vorgeschriebenen Organs Aufsichtsrat eher selten vorzufinden. Gleiches gilt für die OHG, da hier aufgrund der Personenidentität von Gesellschaftern und Geschäftsführern die Erfordernis gering ausfällt.

In der Praxis ist der Beirat am häufigsten bei den Rechtsformen der GmbH, GmbH & Co. KG und KG vorzufinden. Des Weiteren unterscheidet man zwischen dem schuldrechtlichen und organschaftlichen Beirat. Nur der Vollständigkeit halber sollen beide Typen hier kurz erläutert werden.

Der schuldrechtliche Beirat arbeitet ähnlich wie ein externer Unternehmensberater auf Basis eines Beratervertrags. Er ist nicht im Gesellschaftsvertrag des Unternehmens verankert und hat damit auch keinen

Organstatus. Außer der reinen Beratung seines Auftraggebers können ihm daher auch keine Kompetenzen zugewiesen werden.

Dagegen ist der organschaftliche Beirat ausdrücklich im Gesellschaftsvertrag als Gesellschaftsorgan aufgeführt, d.h. er ist in der gesellschaftsrechtlichen Struktur satzungsmäßig integriert. In der Literatur und der Praxis kommt diesem Typus die größere Bedeutung zu. Denn nur ein organschaftlicher Beirat kann die wichtigste Aufgabe eines solchen Gremiums, nämlich die Kontroll- und Überwachungsfunktion für die Gesellschafter, wahrnehmen.

Der Beirat, wie ich ihn hier anspreche und im Folgenden behandele, ist also

- ein freiwilliges,
- von den Gesellschaftern des Familienunternehmens zu bildendes und
- satzungsgemäß in die Gesellschaftsstruktur integriertes Organ.

4. Motivforschung: Warum Unternehmen einen Beirat installieren

Es ist besser, aus der Erfahrung anderer als aus eigener Erfahrung zu lernen. Das kostet weniger Geld und weniger Zeit. Je mehr man von anderen lernen kann, desto billiger die eigene Erfahrung.
*Romeo Kreinberg (*1951), Top-Manager in der Chemiebranche*

Sicherlich gibt es vielfältige Gründe für die Einrichtung eines Beirats. Und selten wird auch ein einzelnes Motiv allein zutreffen.

Die in der Praxis besonders gängigen Motive von Gesellschaftern kann man in zwei große Gruppen zusammenfassen. Zum einen wollen sich die Unternehmenseigner häufig durch umsichtiges, verantwortungsvolles Agieren vor möglichen Gefahren schützen – je mehr Sachverstand ihnen zur Verfügung steht, so das Kalkül, umso geringer sind die Risiken. Zum anderen entschließen sich Gesellschafter zur Installation eines Beirats, wenn typische Schwächen eines kleinen oder mittelgroßen Familienunternehmens zu Tage getreten sind. Die wichtigsten Motive hier im Überblick.

Motiv 1: Kontrolle der Geschäftsführung

Diese Aufgabe könnten die Gesellschafter im Prinzip natürlich auch selbst übernehmen. Der Vorteil externer Beiräte ist in diesem Fall aber, dass sie die Kontrolle und Überwachung sehr viel objektiver vornehmen können: ohne Emotionen, ohne Rücksicht auf persönliche oder familiäre Bindungen. Dies ist insbesondere dann von allergrößter Bedeutung, wenn Mitglieder der Geschäftsführung zugleich Anteilseigner sind und/oder zu einer der Gesellschafterfamilien gehören.

In dieser Konstellation übt ein extern besetzter Beirat zugleich auch eine wichtige Rolle als Mittler zwischen Geschäftsführung und Gesellschaftern aus.

Motiv 2: Nothelfer

In Situationen, in denen der Eigentümer-Unternehmer z.B. wegen längerer Krankheit oder durch plötzlichen Tod ausfällt, kann der Beirat einspringen und kurzfristig zumindest für einen bestimmten Zeitraum die Handlungsfähigkeit eines Unternehmens sicherstellen. Voraussetzung ist hier selbstverständlich, dass der Beirat schon frühzeitig eingerichtet wird und sich mit dem Unternehmen vertraut machen kann. Ein ad hoc, also aus der Not heraus geschaffenes Beratergremium ist sicherlich auch hilfreich, aber keineswegs optimal.

Der Arnsberger Unternehmer Thomas Wrede ist Mitglied eines geschickt konstruierten „virtuellen“ Beirats. Der Inhaber der betreffenden Firma hat sich mit einem dreiköpfigen Rat von Unternehmern umgeben, die er einmal jährlich über seine Intentionen und die Lage des Unternehmens informiert – dies mit der einzigen Absicht, dass diese Persönlichkeiten bei einem Unfall oder Tod des Unternehmers die Geschäftsführung in seinem Sinn begleiten – genauer: kontrollieren – und so die Existenz des Unternehmens in dieser schwierigen Situation sichern helfen. Der Vorteil dieses Modells liegt auf der Hand: Der virtuelle Beirat ist mit den laufenden Geschäften ebenso vertraut wie mit den wichtigen handelnden Personen. Anders als ein ad hoc installierter Beirat kann dieses Gremium seine ihm zugedachte Funktion sinnvoll wahrnehmen.

Motiv 3: Ungelöste Nachfolge/Begleitung des Nachfolgers

Mit der Nachfolgeregelung für den Chef tun sich Familienunternehmen erfahrungsgemäß schwer. Eine von langer Hand vorbereitete und dann auch konsequent umgesetzte Entscheidung darüber, wer wann den Chefsessel übernehmen soll, ist (leider) immer noch nicht die Regel.

Auch welche Voraussetzungen ein möglicher Nachfolger erfüllen soll, ist nicht immer klar geregelt, d.h. die erforderliche formale Qualifikation, (Führungs-)Erfahrung und das Know-how sind nicht definiert. Ebenso bleibt häufig offen, welche Person oder welches Gremium den Nachfolger bestimmt. All dies sind Festlegungen, die Chefs und Gesellschafter gern vor sich herschieben – vor allem, wenn in den Eigentümerfamilien mehrere Kandidaten vorhanden sind.

Die Lösung kann ein Beirat sein. Eine Gruppe erfahrener Profis sollte in der Lage sein, alle diese Fragen mit hoher Kompetenz und Verantwortung zu regeln. Dazu sollte der Beirat allerdings in der Mehrzahl aus externen Mitgliedern bestehen. So wird die Neutralität gewahrt, Interessenkonflikte und/oder emotionale Entscheidungen werden weitestgehend vermieden.

Bei der Werkzeugfabrik August Rüggeberg GmbH & Co. KG in Marienheide sind diese Voraussetzungen erfüllt. Beispielsweise konnte sich der Beirat hier erfolgreich bei der Regelung der Nachfolge des aus Altersgründen ausscheidenden Geschäftsführenden Gesellschafters durch seinen Sohn beratend und ausgleichend einschalten. Und Hans-Günter Trockels, Chef der Kuchenmeister GmbH in Soest, fügt hinzu: Ein „sehr wichtiger Punkt“ beim Thema Beirat sei die Begleitung bei der

Unternehmensnachfolge. „In Familienunternehmen ergeben sich häufig besondere Konstellationen, auf die ein Beirat ausgleichend wirken kann."

Motiv 4: Sorge vor Betriebsblindheit

Jede Top-Führungspersönlichkeit weiß, wie leicht und schnell man betriebsblind werden kann. Die Gefahr ist umso größer, wenn man keine Gelegenheit oder Gesprächspartner hat, mit denen man Fragen der Unternehmensführung kritisch diskutieren kann. Dieses Manko ist bei kleinen und mittleren Unternehmen besonders virulent, da Firmen dieser Größenordnung meist schon allein aus Kostengründen nicht über große und ausreichend qualifizierte Führungscrews verfügen, mit denen sich der Unternehmer auf gleicher Augenhöhe austauschen kann.

Hinzu kommt das typische Problem, dass Mitarbeiter im Gespräch mit dem Chef möglicherweise nicht ganz frei und offen diskutieren und ihre Meinung sagen. Sie neigen zum Ja-Sagen. Schließlich sind sie nicht selten vom Wohlwollen des Unternehmers ihnen gegenüber abhängig.

Die Lücke kann ein Beirat schließen. Er steht dem Unternehmer immer dann zur Verfügung, wenn der das Bedürfnis verspürt, sich Input von Dritten geben zu lassen – das darf auch mal ganz informell per Telefon geschehen. Ein Familienunternehmer „braucht einen unabhängigen geistigen Sparringspartner, der eine andere Sicht einbringt, Veränderungen anmahnt oder uns in wichtigen Entscheidungen bestärkt", bestätigt Dieter Henrici, Geschäftsführender Gesellschafter des Lichttechnik-Unternehmens BJB GmbH & Co. KG in Arnsberg.

Motiv 5: Nutzung von externem Know-how und Netzwerken

Diese Gründe sind gerade dann von besonderer Relevanz, wenn ein Unternehmen sich verändern muss und verändern will. Also z.B. dann, wenn größere Investitionen anstehen, neue Geschäftsfelder erschlossen werden sollen oder die Expansion in Auslandsmärkte geplant ist, in denen sich das Unternehmen bisher nicht bewegt hat und somit keinerlei eigene Erfahrung hat. In dieser Situation greifen viele Unternehmen auf professionelle Unternehmensberater zurück, die gegen Honorar die erforderlichen Marktdaten und strategisch relevanten Informationen beschaffen. Manche Unternehmer fragen einfach ihren Beirat. Die Personen in diesem Gremium verfügen entweder selbst über das gesuchte Know-how. Oder sie haben Verbindungen zu befreundeten Unternehmen, die sich darüber freuen, ihre Marktkenntnis mit anderen zu teilen (sofern es nicht gerade der ärgste Konkurrent ist).

Motiv 6: Streit ausräumen

Zwischen Gesellschaftern oder Gesellschafterstämmen kann es immer mal zu harten Diskussionen, zu Konflikten und zum handfesten Streit kommen. Eine Zeitlang kann derlei Dissens bestehen bleiben. Doch wenn er über längere Zeit die Beteiligten entzweit, besteht die Gefahr der Eskalation. Das bedeutet eine existenzielle Bedrohung für das Unternehmen.

In dieser Situation schaffen es die Streit-Parteien meist nicht, den Konflikt allein aus der Welt zu schaffen. Sie brauchen fremde Hilfe, Hilfe von neutralen Dritten, die von beiden Seiten respektiert und als Moderatoren akzeptiert werden.

Ein Beirat kann in diesen Fällen helfen. Er kann die divergierenden Interessen vermitteln, kann schlichtend eingreifen. Zum anderen kann er verhindern, dass Konflikte im Gesellschafterkreis – z.B. in strategischen Fragen – direkt auf die Geschäftsführung durchschlagen. Dem Beirat kommt hier die ganz wichtige Aufgabe zu, die Geschäftsführung gegen solche Störeinflüsse abzuschirmen, damit die operative Arbeit nicht behindert wird.

Noch besser ist es natürlich, wenn der Beirat hilft, Streit erst gar nicht entstehen zu lassen. Diesem Ziel dient der Beirat im Familienunternehmen Wrede Industrieholding GmbH & Co. KG in Arnsberg. Die Gesellschafter haben dazu eine sehr kluge Konstruktion gefunden, die auch in der Familienverfassung verankert ist (siehe Anhang Seite 115). Der dreiköpfige, familienfremde und professionell besetzte Beirat hat eine ähnliche Funktion wie der Aufsichtsrat einer Aktiengesellschaft. Der Beirat (und nicht die Familie!) entscheidet etwa über die Auswahl und Abberufung der Geschäftsführer – ganz gleich ob Fremdgeschäftsführer oder Gesellschafter-Geschäftsführer. Ist kein Gesellschafter in der Geschäftsführung vertreten, wird der Beirat um zwei Familienmitglieder erweitert. Dann geht auch der Beiratsvorsitz in Familienhand über. „Unser Beirat ist sehr machtvoll", sagt der Geschäftsführende Gesellschafter Thomas Wrede, „aber wir sind damit bisher sehr gut gefahren."

Motiv 7: Pluspunkte bei externen Stakeholdern

Gemeint ist hier, dass viele externe Stakeholder[1] – an erster Stelle natürlich Finanzgeber wie Banken und Kreditversicherer – vor einer Zusammenarbeit mit einem Unternehmen dieses eingehend durchleuchten. Dazu gehört auch immer die Frage, welche Kontrollgremien und -mechanismen bei dem Unternehmen installiert sind. Wenn es über einen sehr gut besetzten Beirat verfügt, wirkt sich dies positiv auf das Rating bei den Banken aus – und hilft damit, Kreditkosten zu sparen.

In Krisensituationen oder bei einer Sanierung legen Banken häufig besonderen Wert auf die Überwachung der Geschäftsführung durch einen professionell besetzten Aufsichtsrat oder Beirat.

Aber auch neu eintretende Führungskräfte, Geschäftsführer und Vorstände erwarten zunehmend eine gute Corporate-Governance-Struktur in Unternehmen, in denen sie tätig werden sollen. Dies verbindet sich mit der verbreiteten Erkenntnis, dass Unternehmen mit einem professionellen Beirat langfristig meist erfolgreicher am Markt operieren als Unternehmen ohne solche klugen Ratgeber im Hintergrund. Chart 3 fasst den Nutzen, den ein Beirat stiften kann, noch einmal zusammen.

---

1 Der Ausdruck „Stakeholder" stammt aus dem Englischen. „Stake" kann mit „(Wett-)Einsatz, Beteiligung" übersetzt werden, „holder" mit „Eigentümer, Halter". Im engeren Sinn sind Stakeholder (üblicherweise übersetzt mit „Anspruchsgruppen") alle Personengruppen, die von der unternehmerischen Tätigkeit direkt oder indirekt betroffen sind. Zu unterscheiden sind interne Anspruchsgruppen, zu denen Eigentümer, Management und Mitarbeiter gerechnet werden, und externe Anspruchsgruppen, zu denen Fremdkapitalgeber, Kunden, Konkurrenten und der Staat zählen. (in Anlehnung an Gabler Wirtschaftslexikon)

Chart 3

Häufiger Nutzen in unterschiedlichen Situationen

„Einsamkeit" des Unternehmers	► Sparringspartner ► Beratungsfunktion (Know-how-Transfer) ► Zwang zur Reflexion und Ausarbeitung
Streit im Gesellschafterkreis	► Einbindung ► Vermittlung (aktive vs. nichtaktive Gesellschafter)
Nachfolge	► Auswahl des Nachfolgers ► Übergabe vom Senior an den Nachfolger ► Begleitung in der Zeit nach der Übergabe
Kontrollfunktion	► Qualitätssicherung ► Neutralität

5. Aufgabenkatalog: Welche Funktionen ein Beirat ausüben kann

Ich habe immer gefunden, dass es sehr nützlich ist, Ratschläge einzuholen, auch wenn man keinen befolgt.
Johannes Gross (1932–99), deutscher Publizist und Journalist

„Ein guter Beirat ist Quelle von Inspiration, bietet ein Forum für Diskussionen um die Zukunft des Geschäfts, er ist Entscheidungsorgan, oft auch gut funktionierendes Scharnier zwischen Gesellschaftern und Geschäftsführung“, schreibt Professor Frank Ohle, der CEO des Familienunternehmens STI – Gustav Stabernack GmbH.

Unternehmer und Gesellschafter haben in der Tat einen großen Entscheidungsspielraum, wie sie ihren Beirat positionieren wollen. Sie können ihm starken Einfluss bis hin zur Entscheidungsmacht einräumen oder ihn mit eher schwachen Kompetenzen ausstatten; sie können dem Beirat echte Kontrollfunktionen zuweisen oder ihn als unverbindliches „Kaffeekränzchen" gestalten; sie können sich wirklichen kritischen Sachverstand ins Haus holen oder Claqueure, die Entscheidungen des Patriarchen abnicken.

Jeder Unternehmer, jeder Alleininhaber, jeder Mitgesellschafter sollte sich gut überlegen, welchen Nutzen er sich von seinem Beirat wünscht. Genauso sollte aber ausformuliert sein, was der Beirat nicht tun darf – und hierzu gehört sicherlich an erster Stelle, dass er sich nicht in das Tagesgeschäft einmischt. Im Klartext: Die operative Führung des Unternehmens obliegt ausschließlich der Geschäftsführung.

Doch jenseits dieser wichtigen Beschränkung kann ein Beirat eines Familienunternehmens sehr unterschiedliche Funktionen wahrnehmen. Grundsätzlich erwächst den Eigentümern bezüglich der Kompetenz des Beirats und damit verbunden auch bezüglich der Kompetenzverteilung zwischen Beirat und Gesellschaftern eine relativ große Freiheit und Flexibilität. Diese wird lediglich bei Aktiengesellschaften und großen GmbHs durch gesetzliche Vorschriften eingeschränkt (siehe Kapitel 3.2). Der Beirat kann dabei unterschiedlichen Interessen dienen: Er kann Aufgaben im Interesse der Familie, der Gesellschafter und der Geschäftsführung wahrnehmen (siehe Chart 4).

Chart 4

Beiratsaufgaben im Interesse der …

Familie	Gesellschafter	Geschäftsführung
Beratung		
Überwachung der Geschäftsführung		
Überwachung der Gesellschafter	Wahrnehmung von Gesellschafterrechten	
Sicherung der Familieninteressen	Sicherung der Gesellschafterinteressen	Sicherung der Geschäftsführungsinteressen
Repräsentation		
Sonderaufgaben		

Die verschiedenen Interessenlagen der Familie, der Gesellschafter und der Geschäftsführung, die in der Tabelle dargestellt sind, deuten schon an, dass der Beirat gelegentlich in eine Sandwich-Position geraten kann, d.h. er wird mit unterschiedlichen, möglicherweise sich konterkarierenden Interessen konfrontiert. In dieser Situation ist hohes diplomatisches und taktisches Geschick gefordert. Dies gilt in besonderem Maße für den Beiratsvorsitzenden, denn er wird in Sondierungsgesprächen unter vier Augen häufig Lösungsmöglichkeiten erkunden und diese dann auf den Weg bringen müssen. Diese delikate Konstellation ist in Chart 5 noch einmal illustriert.

Chart 5 **Der Beirat: Sandwich-Position zwischen Gesellschaftern und Geschäftsführung**

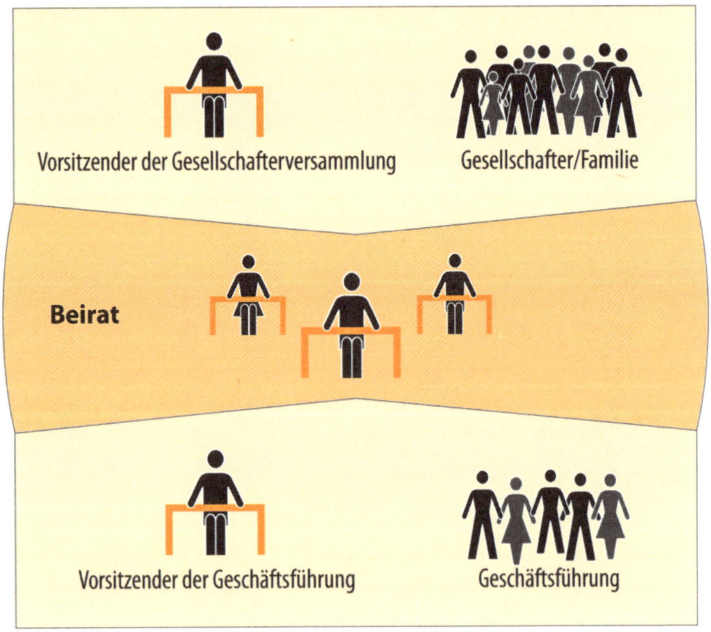

5.1 Vier Grundtypen

Von dieser interessengeprägten Konfliktsituation einmal abgesehen, hat sich in der deutschen Landschaft der Familienunternehmen eine außerordentlich bunte Vielfalt individueller Beiratskonstruktionen herausgebildet. Sie lassen sich freilich alle bestimmten Grundtypen zuordnen, die im Folgenden diskutiert werden. Wobei selbstverständlich auch aus mehreren Grundtypen gemischte Aufgabenzuweisungen denkbar sind.

Typ 1: Der Berater (auch Coach oder Sparringspartner)

Vor allem wenn es um strategische Entscheidungen geht, suchen Familienunternehmer gern die Rückversicherung bei einer Vertrauensperson oder einer kleinen Gruppe zuverlässiger, diskreter Ratgeber. Gerade Familienunternehmer in der ersten Generation – also Gründer-Unternehmer – wissen bei schwierigen Entscheidungen mit weitreichenden Konsequenzen diese Unterstützung zu schätzen. Sie stehen häufig allein an der Spitze, ihnen fehlt ein vertrauter Gesprächspartner mit ausreichender Kompetenz und ebensolchem Engagement. Der Ehepartner ist möglicherweise nicht eng genug in das Unternehmen einbezogen, die Kinder sind vielleicht noch zu jung oder noch nicht qualifiziert genug. Und der Prokurist soll in einer bestimmten Frage vielleicht nicht allzu früh von den Überlegungen des Inhabers erfahren. Dann ist man froh, einen Berater an der Seite zu haben.

Mitunter sind es aber gar nicht die großen strategischen Entscheidungen, bei denen man sich einen Sparringspartner wünscht. Auch in weniger bedeutenden Angelegenheiten – der Kauf einer Maschine, die Beurteilung eines Bewerbers, die Teilnahme an einer Messe – möchte man „eine zweite Meinung" hören. So wie man sich auch im privaten Bereich vielleicht bei einem Freund erkundigt, bevor man eine Reise bucht oder einen Posten Wein ordert.

Die beratende Rolle des Beirats ist dabei keineswegs auf den einsamen Patriarchen beschränkt. Auch die Unternehmerfamilie, andere Gesellschafter und selbst angestellte Geschäftsführer greifen auf solch ein Gremium zurück.

Beim Familienunternehmen GRG Services Berlin GmbH & Co. KG ist es die konkrete Konstellation der Eigentumsverhältnisse, die den Beirat in die Rolle des reinen Beraters bringt. Das Dienstleistungs-Unternehmen mit rund 3000 Mitarbeitern wird von den Brüdern Stephan und Heiko Schwarz geführt, die zugleich auch 90 Prozent der Anteile halten. „Wir legen großen Wert auf den Rat unserer Beiräte, aber wir brauchen keine externen Experten, die uns Entscheidungen abnehmen", sagt Stephan Schwarz. Tatsächlich haben die beiden Gesellschafter schon hin und wieder von der Erfahrung ihrer Beiräte profitiert – so etwa, als diese vor einer zu stürmischen Expansion warnten. „Wir haben damals den Rat befolgt und sind darüber froh", resümiert Stephan, der Ältere des Geschwister-Duos.

Typ 2: Der Kontrolleur

Den Beirat mit einer Kontrollfunktion auszustatten empfiehlt sich insbesondere in drei Fällen:

- wenn das Unternehmen von einer Fremd-Geschäftsführung geleitet wird,
- wenn die Gesellschafter verschiedenen Familienstämmen mit unterschiedlichen Zielrichtungen und Prioritäten angehören oder
- wenn die Eigentümer die Kontrolle über die (familieninternen oder -externen) Geschäftsführer nicht selbst wahrnehmen wollen oder können.

Wird dem Beirat diese verantwortungsvolle Rolle übertragen, so ist neben seiner fachlichen Kompetenz natürlich auch eine besondere Fähigkeit im Umgang mit wichtigen Funktionsträgern gefordert – auf gut Deutsch: Fingerspitzengefühl und Diplomatesse. Dies insbesondere dann, wenn in der Geschäftsführung Mitgesellschafter vertreten sind.

Zudem sollten sich Beiräte und Gesellschafter darauf verständigen, dass die Kontroll- und Überwachungsfunktion nicht nur rückwärts gerichtet sein darf. Sie sollte vielmehr genauso dezidiert nach vorne ausgerichtet sein, also Planung der Budgets und der strategischen Ausrichtung mit abdecken. Diese Variante praktiziert die Carl Mahr Holding GmbH in Göttingen mit Erfolg. „Unser Beirat ist in seinen Kompetenzen durchaus mit dem Aufsichtsrat einer Aktiengesellschaft zu vergleichen“, sagt Thomas Keidel, Geschäftsführender Gesellschafter und Vorsitzender der Geschäftsführung. So hat der Beirat das Recht, die Bilanz wie auch die mittelfristige Unternehmensplanung zu prüfen und abzusegnen – oder eben auch zurückzuweisen. Der Beirat spielt also bei Mahr eine starke, prägende Rolle. „Die Gesellschafter haben sich für dieses Modell entschieden, um eine deutliche Trennung zwischen der Kapitalseite und den operativen Einheiten zu erreichen“, verdeutlicht Keidel.

Typ 3: Der Impulsgeber

Vier Augen sehen mehr als zwei. Diese im Grunde banale Volksweisheit hat beim Thema Beirat an dieser Stelle durchaus ihre Berechtigung. Je breiter das Beratergremium aufgestellt ist, desto größer ist die Wahrscheinlichkeit, dass die Mitglieder des Beirats Fakten kennen oder sonstige Informationen besitzen, die dem Unternehmer nicht geläufig sind. Und diese bringen sie gern in ihre Beiratstätigkeit ein. Das können Branchen-News sein, das können Trendinformationen sein, das können Neuigkeiten aus dem Bereich Technik sein oder Insiderwissen aus der lokalen Politik. Dieses Know-how als Impuls für unternehmerische Entscheidungen nutzen zu können, zählt zu den Faktoren auf der Haben-Seite von Beiräten.

Und manchmal erwächst solch ein Impuls auch einfach aus der kritischen Beobachtung des Unternehmens. Dazu noch einmal die Firma Mahr GmbH. Auf Initiative des Beirats wurde unlängst das Vergütungsmodell für die beiden Geschäftsführer umgestellt. Früher orientierte sich der variable Anteil der Geschäftsführer-Vergütung allein am Unternehmensergebnis. Das ist uns zu schlicht, monierte der Beirat und setzte einen neuen Maßstab durch: Ergebnis, Umsatzwachstum und Unternehmenswertsteigerung bestimmen nun die variablen Anteile.

Typ 4: Der Moderator

Meinungsverschiedenheiten zwischen Gesellschaftern gehören zum Alltag, es wäre unredlich, dies zu ignorieren. Und oftmals entwickelt sich aus Meinungsverschiedenheiten Streit, und aus Streit Feindschaft. Auch das lässt sich nicht leugnen. Solange solcher Streit ein Ventil findet, das dem Unternehmen nicht wirklich schadet, besteht kein Handlungsbedarf. Doch gelegentlich, auch das ist bekannt, schlägt derlei Streit zwischen Gesellschaftern oder Familienstämmen direkt durch auf die Unternehmensführung. Das Management wird zum Spielball widerstreitender Interessen. Für das Unternehmen und seine Zukunftsfähigkeit besteht dann Alarmstufe Rot. Um solche Gefahren gar nicht erst entstehen zu lassen, kann ein Beirat äußerst hilfreich sein. Haben die Beiräte eigene Erfahrungen mit solchen kritischen Konstellationen gemacht, ist es für sie um ein Vielfaches leichter, moderierend auf die Beteiligten einzuwirken. Das kann durch diskrete Gespräche im Hintergrund geschehen oder auch im größeren Kreis bei Zusammenkünften von Beirat und Gesellschaftern.

Um diese lebenswichtige Rolle spielen zu können, ist selbstverständlich ein starker Beirat und insbesondere ein starker Beiratsvorsitzender erforderlich – einer, der Rückgrat hat und den Gesellschaftern auf gleicher Augenhöhe begegnet. Daher kommt es hier auch darauf an, bei der Auswahl der Beiräte sehr sorgfältig vorzugehen (siehe Seite 44ff.). Andernfalls droht Gefahr, wie ein Kunststoff verarbeitendes Unternehmen in Franken erfahren musste: Die Gesellschafter baten den Beiratsvorsitzenden, im Streit zwischen den Geschäftsführenden Gesellschaftern zu vermitteln. Der Sprecher des Beirats war aber eine schwache Persönlichkeit; er wagte es nicht, die Moderatorenrolle zu übernehmen, und zog es vor, den Konflikt in die Gesellschafterversammlung zu tragen. „Das war aber nicht der Sinn der Sache. Die Firma wurde damit gelähmt statt gestärkt“, erinnert sich der ältere der beiden Geschäftsführer, der inzwischen mit Hilfe eines neuen Beiratsvorsitzenden seinen Widersacher aus der Firma gedrängt hat.

5.2 Drei Sonderfälle

Neben diesen vier typischen Grundausrichtungen möchte ich noch drei weitere spezifische Konstellationen umreißen, in denen Beiräte hilfreich einschreiten können. Gemeint sind Nachfolgefragen, Sanierung des Unternehmens und der Sonderfall Alleingesellschafter-Geschäftsführer.

Sonderfall 1: Nachfolge

Die Vorbereitung eines familieninternen Nachfolgers auf seine Chef-Rolle stellt jedes Unternehmen vor große Herausforderungen. Der Patriarch ist mit dieser Aufgabe oftmals überfordert, weil er selbst eine zu starke emotionale Bindung an den nachrückenden Sohn oder die Tochter hat. Oder weil das sachliche, fachliche Gespräch zwischen Senior und Junior wegen der familiären Verquickung gestört ist. Hier kann der Beirat aus seiner eher neutralen Position heraus vermitteln. Er kann die Sprachlosigkeit wie auch die generationsbedingten Spannungen überwinden helfen. Die häufig noch notwendige und wichtige Beratung durch den Senior wird in eine institutionalisierte und geordnete Bahn gelenkt.

Gleichzeitig kann der Beirat sich als Coach für den Nachfolger einbringen. Er begleitet praktisch das „Training on the job" für den Chef in spe. Die typischen Spannungen zwischen Vätern/Müttern und Söhnen/Töchtern werden dadurch weitgehend entschärft. Das Nachfolgethema wird in eine emotionsfreie Sphäre verlagert und damit so behandelt, wie es für das Unternehmen das Beste ist: sachlich.

Genau dies hatte sich auch der Beirat eines renommierten Werkzeugherstellers im Sauerland auf die Fahnen geschrieben. Das Gremium umfasste drei externe Mitglieder sowie zwei Gesellschafter. Die beiden Gesellschafter fungierten zugleich als Geschäftsführer. Beide Herren näherten sich der im Gesellschaftervertrag fixierten Altersgrenze für familienangehörige Geschäftsführer. Und einer der Söhne wähnte sich schon als potenzieller Nachfolger auf dem Chefsessel. Doch sein Vater hatte seine Entscheidung längst anders gefällt – gegen den Filius. Allerdings: Er traute sich nicht, es dem jungen Mann unumwunden zu sagen. In dieser Situation erwies sich der Beirat als segensreiche Institution. Der Vater konnte es diesem kollektiven Gremium aufbürden, erstens über die Nichteignung des Sohnes zu befinden und zweitens diese Entscheidung auch mitzuteilen. Damit konnte vermieden werden, dass die Ablehnung des Sohnes dem Vater und seinem Urteil angelastet wurde. Der externe Vorsitzende übernahm die Mission und erklärte dem enttäuschten Sohn die Gründe: „Viele Arbeitsplätze stehen auf dem Spiel … die Zukunft der Firma muss gesichert werden … dein Platz ist an der Spitze der Gesellschafterversammlung … dort kannst du Einfluss ausüben, ohne ins Tagesgeschäft involviert zu sein."

Ähnliches gilt natürlich auch in dem Fall, wenn ein Geschäftsführender Gesellschafter wegen mangelnder Erfolge abberufen werden soll oder muss. Wird einem Beirat diese Kompetenz und ohne Frage sehr heikle Aufgabe zugewiesen, lässt sich ein gutes Familienverhältnis zwischen diesem Gesellschafter und anderen Familien-Gesellschaftern eher erhalten. Ein solcher Eingriff in die Funktion des Geschäftsführenden Gesellschafters ist sicherlich der schwierigste Auftrag für einen Beirat und sollte nur Ultima Ratio sein.

Sonderfall 2: Restrukturierung

Ähnlich hohe Anforderungen an das Geschick der Beiräte werden gestellt, wenn sie die Restrukturierung eines Unternehmens nach krisenhafter Entwicklung begleiten sollen. Sind die Fronten zwischen Unternehmensleitung und Banken, zwischen Unternehmensleitung und Belegschaft, zwischen Unternehmensleitung und Gläubigern verhärtet, kann ein Beirat – sozusagen stellvertretend für den Unternehmer – Gespräche führen und Kompromisse anbahnen. Professionellen Beiräten gelingt es möglicherweise leichter, eine solche Situation zu bewältigen: Der eine oder andere hat eventuell schon einmal eine Restrukturierung durchgestanden, während Gesellschafter oder Geschäftsführung sich erstmals in dieser Lage befinden und sie im Zweifelsfalle eher hilflos zu bewältigen versuchen.

Um zu entscheiden, welchen Typ eines Beirats man braucht und welche Kompetenzen ihm demzufolge übertragen werden sollen, bietet sich als Anhaltspunkt die Lebenszyklus-Phase an, in der sich das Unternehmen befindet: Üblicherweise ist bei einem jungen Unternehmen eher Bedarf an Beratung vorhanden, da der Gründer-Unternehmer einer

Kontrolle seiner selbst häufig skeptisch gegenübersteht. Bei einem Übergang von der aktiven Geschäftsführung in den Beirat wird sich diese Ansicht jedoch häufig hin zu einer Überwachung und Mitentscheidung entwickeln. Im Laufe der Generationenfolge wird schließlich aufgrund der zumeist steigenden Größe und Komplexität des Unternehmens immer mehr externer Sachverstand erforderlich. Der ideale Beirat bringt dann die jeweils vorrangig gesuchte Qualifikation mit (siehe Kapitel 7 „Prozedere 1: Anforderungen an Beiratsmitglieder“).

Sonderfall 3: Alleingesellschafter-Geschäftsführer

Besonderes Fingerspitzengefühl müssen Alleingesellschafter-Geschäftsführer beim Thema Beirat an den Tag legen. Denn sie richten dieses Gremium in aller Regel nicht ein, um sich beaufsichtigen zu lassen. Vielmehr suchen sie den Rat, die Beratung, den Sparringspart-

Chart 6

Typische Entscheidungsbefugnisse eines Beirats auf einen Blick

- Berufung und Abberufung der Geschäftsführer
- Abschluss, Auflösung und Inhalte der Anstellungsverträge der Geschäftsführer
- Erstellung und Festlegung einer Geschäftsordnung für die Geschäftsführung
- Erstellung und Festlegung eines Geschäftsverteilungsplans
- Zustimmung zu bestimmten außergewöhnlichen Geschäftsführungsmaßnahmen
- Abnahme der jährlichen Budgetplanung (Umsatzplan, Finanzplan)
- Festlegung der Unternehmensstrategie, der Finanzierungsstrategie und der daraus abgeleiteten strategischen Planung
- Feststellung des Jahresabschlusses, Bestellung des Abschlussprüfers

Die drei letztgenannten Punkte bedeuten, dass der Beirat aktiv gestaltend in die Unternehmenspolitik und Unternehmensstrategie eingebunden ist. Er erhält mit diesen Befugnissen auch die höchstmögliche Verantwortung, die man einem Beirat zuweisen kann. Das bedeutet umgekehrt natürlich auch höchste Anforderungen an die Qualifikation der zu berufenden Beiratsmitglieder.

ner. Auch wenn dem Beirat hier augenscheinlich eine formal eher schwache Rolle und Funktion zugewiesen wird, stellt diese Variante doch höchste Anforderungen an die Mitglieder des Beirats: weil sie dem Alleinverantwortlichen ein „gehaltvoller Gesprächspartner im anspruchsvollsten Teil der Geschäftsführung“ sein sollen, wie Professor Hermut Kormann schrieb, der langjährige Vorstandsvorsitzende der Voith AG und aktive Beirat mehrerer Unternehmen.

In der Praxis zeigt sich ein deutlicher Trend hin zu mehr Entscheidungskompetenzen innerhalb der Beiratsgremien. Nur noch 28 Prozent sind rein beratend tätig. Fast die Hälfte aller Beiräte dagegen besitzen ausschließlich oder überwiegend Entscheidungskompetenz, wie Chart 7 zeigt.

Wie sich Aufgaben und Kompetenzen der Beiräte in den einzelnen Aktionsfeldern darstellen, verdeutlicht Chart 8. Danach haben Beiräte

Chart 7 **Kompetenzzuweisung von Beiräten**

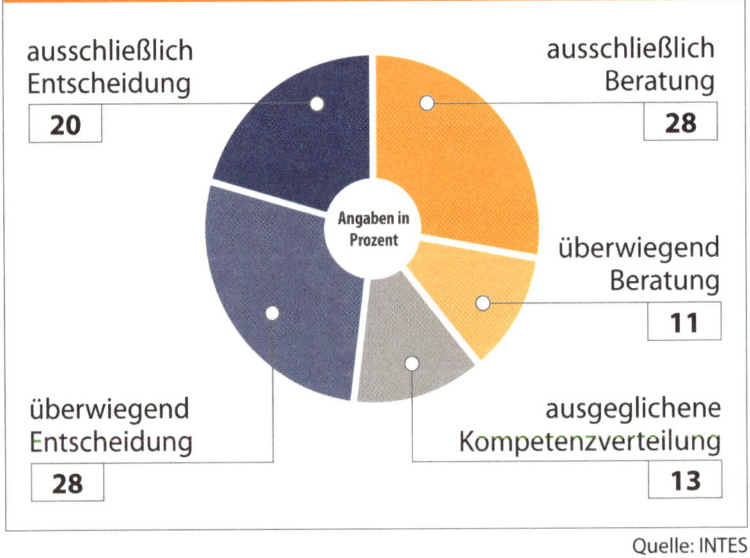

Quelle: INTES

in besonders vielen Unternehmen die Kompetenz zur Mitwirkung oder gar Entscheidung in Personalangelegenheiten der Geschäftsführung – Bestellung oder Abberufung und Vergütung. Schwach und tatsächlich auch von untergeordneter Bedeutung ist hingegen der Einfluss beispielsweise bei der Wahl des Abschlussprüfers.

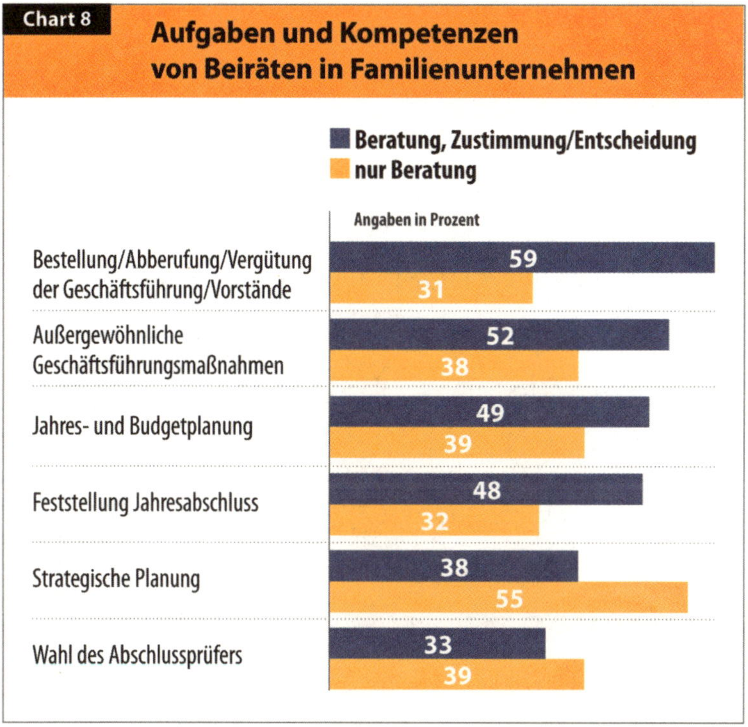

Quelle: INTES

6. Timing: Der richtige Zeitpunkt für die Einrichtung eines Beirats

Wer am Anfang wenig tut, hat es später schwer,
wer am Anfang viel tut, hat es später leicht.
Chinesisches Sprichwort

Familienunternehmer neigen dazu, schwierige Entscheidungen zu vertagen. Das gilt beispielsweise für die Nachfolgeplanung. Man verdrängt die Notwendigkeit, einen Nachfolger aufzubauen, man vernachlässigt den beträchtlichen Zeitbedarf für diesen strategisch unerlässlichen Schritt. Und wundert sich dann, wenn es beim Übergang zu Reibungsverlusten kommt.

Ähnlich ist es mit der Installation eines Beirats (siehe Chart 9). Mancher Unternehmer sieht die Vorteile eines solchen Ratgeber- und

Kontroll-Kollegiums. Aber über den Zwängen des Tagesgeschäfts vergisst und verdrängt er, diese Sache wirklich in Angriff zu nehmen. Und tritt dann der Fall ein, in dem er den vertraulichen Rat oder gar die tätige Hilfe eines Beirats gebrauchen könnte, steht er allein da.

Chart 9

Typische Anlässe für eine verspätete Errichtung eines Beirats

- Streit zwischen den Gesellschaftern
- Fehlende Fachkompetenz in wesentlichen Bereichen
- Stammesbildung im Generationswechsel
- Ungelöste Nachfolge
- Nachlassendes Interesse der Gesellschafter
- Notfall
- Restrukturierungsbedarf
- Verspätetes Erkennen von fehlenden Managementkompetenzen und Know-how auf Gesellschafterebene

Das Problem hat häufig diesen Kern: Familienunternehmer halten sich für unersetzlich und auch im hohen Alter noch für uneingeschränkt leistungsfähig nach dem Motto: „Mit 50 merkt man, dass die Kräfte nachlassen. Mit 60 merken es auch die anderen. Mit 70 merken es nur noch die anderen."

Man muss/sollte beachten, dass mindestens ein Jahr vergeht, bis ein Beiratsgremium installiert, besetzt und eingearbeitet ist. Ich empfehle, diesen doch relativ langen Vorlauf unbedingt einzukalkulieren, wenn man im entscheidenden Moment handlungsfähig sein will. Kurzum: Es ist nie zu früh, seinen Beirat zu berufen.

Je nach dem Zeitpunkt, wann der Beirat eingerichtet und besetzt wird, ist dann auch zu entscheiden, welche Rolle, d.h. welche Kompetenz diesem Gremium zuzuweisen ist (siehe Kapitel 5 „Aufgabenkatalog: Welche Funktionen ein Beirat ausüben kann").

7. Prozedere 1: Anforderungen an Beiratsmitglieder

Drei Managerqualitäten – Integrität, Intelligenz und Energie. Wenn Sie die erste nicht haben, werden die beiden letzten Sie umbringen.
*Warren Buffett (*1930), amerikanischer Investor, Chairman von Berkshire Hathaway*

Die Anforderungen an Beiratsmitglieder sind in den letzten Jahren spürbar gestiegen – und sie werden mit großer Sicherheit auch in den nächsten Jahren weiter steigen. Die Gründe hierfür sind vielschichtig:

- Deutlich höhere Anforderungen an das zeitliche Engagement (mehr und längere Sitzungen, größerer Vorbereitungsaufwand),
- Zwang zu umfassendem Wissen und spezifischen Branchenkenntnissen wegen rascher Veränderung von Rechtsvorschriften, Markt- und Wettbewerbsverhältnissen,
- immer stärkere internationale Vernetzung und Globalisierung,
- erhöhtes persönliches Haftungsrisiko der Mandatsträger (sofern die Haftung nicht sorgfältig geregelt wird),
- immer schnellerer Wandel des unternehmerischen Umfelds,
- zunehmende Verlagerung von Spezialthemen der Beiratsarbeit in Ausschüsse,
- erhöhte Anforderungen (speziell im Prüfungsausschuss des Beirats) aufgrund zunehmender Anwendung von internationalen Rechnungslegungsvorschriften.

Damit die Beiräte diesen Anforderungen gerecht werden, sind immer höhere Ansprüche an ihre Qualifikation zu stellen, d.h. die sorgfältige Auswahl der Mitglieder wird immer mehr zur alles entscheidenden Aufgabe. Doch hier liegt tatsächlich noch vieles im Argen.

Anders als bei Personalentscheidungen für Führungspositionen üblich, wählen Unternehmer und Gesellschafter ihre Beiräte allzu häufig nicht auf der Grundlage von klar definierten Anforderungsprofilen aus. Nach wie vor regiert eher der Zufall bei diesen Besetzungen, aus Bequemlichkeit greift man auf familiäre, persönliche oder andere Netzwerke zurück.

Von dieser unprofessionellen Vorgehensweise ist dringend abzuraten, denn die Folgen können verhängnisvoll sein. Ein Beirat – und damit auch seine einzelnen Mitglieder – ist immer dem Gesamtwohl des Unternehmens verpflichtet. Wird ein Mitglied nur aufgrund seiner persönlichen Beziehung zu einem (oder mehreren) Gesellschafter berufen, sind Interessenkonflikte programmiert. Ein so ins Amt berufener Beirat wird sich im Zweifelsfalle nicht vom Wohl des Gesamtunternehmens, sondern vom Individualinteresse seines Gönners leiten lassen.

Der Bundesgerichtshof (BGH) hat bereits vor über 20 Jahren im Blick auf (gesetzlich vorgeschriebene) Aufsichtsräte einer Aktiengesellschaft Mindestanforderungen an diese formuliert. Die dort gefundene allgemeine Formel dürfte sich so auch auf (freiwillig gebildete) Beiräte für Familienunternehmen übertragen lassen. Danach muss man bei einem Mitglied des Überwachungsgremiums voraussetzen können, dass es diejenigen Mindestkenntnisse und -fähigkeiten besitzt oder sich aneignet, die erforderlich sind, „um alle normalerweise anfallenden Geschäftsvorgänge auch ohne fremde Hilfe verstehen und sachgerecht beurteilen zu können“[2].

Zu diesen Mindestkenntnissen gehören nach einer Aufstellung von Axel Smend, dem Geschäftsführer der deutschen Agentur für Aufsichtsräte, „Kenntnisse zur Beurteilung der Ordnungsmäßigkeit, Wirtschaftlichkeit, Zweckmäßigkeit und Rechtmäßigkeit von Führungsentscheidungen“. Der BGH schränkt freilich ein: Es ist „nicht zu erwarten, dass jedes Aufsichtsmitglied auf sämtlichen Gebieten, auf denen der Aufsichtsrat tätig wird, umfassende Spezialkenntnisse besitzt ... Deshalb gibt das Gesetz dem Aufsichtsrat die Befugnis, Sachverständige zur Beratung über ‚einzelne‘ Gegenstände zuzuziehen“.

Ohne dieses weiter juristisch beleuchten zu wollen: Die vom hohen Gericht umschriebenen Mindestkenntnisse sind in der Tat lediglich „Mindest“-Kenntnisse, die als allgemeine Richtschnur untauglich erscheinen.

Bei der Auswahl der Beiratsmitglieder kann es nur eine Maxime geben: Es geht darum, die nach Persönlichkeitsstruktur, Kompetenz und Erfahrung am besten geeigneten Persönlichkeiten zu identifizieren und für die Beiratsarbeit zu gewinnen.

Der Nutzen, den der/die Gesellschafter vom Beirat und dessen Arbeit erwarten, bestimmt letztlich Inhalt und Umfang der Kompetenzen, die diesem Gremium dann zuzuweisen sind.

---

[2] BGHZ 85, S. 293, 295

Aus der festgelegten Nutzenerwartung der Gesellschafter und der dem Beiratsgremium zugewiesenen Beratungs- bzw. Kontrollkompetenz lassen sich dann im nächsten Schritt die Anforderungen definieren, die an die Beiratsmitglieder zu stellen sind. Dabei lassen sich zwei Arten von Anforderungen bzw. Voraussetzungen unterscheiden:
- die fachlichen Anforderungen
- die persönlichen Voraussetzungen.

7.1 Die fachlichen Anforderungen

Die Festlegung des gewünschten und notwendigen Kompetenzspektrums der Kandidaten muss sich dabei insbesondere nach den individuellen Gegebenheiten des Unternehmens richten. Diese können bestimmt werden durch:
- die internen Erfordernisse (Schwachstellen des Unternehmens, Ausgleich fehlender Eigenschaften/Stärken bei den Gesellschaftern und/oder der Geschäftsführung, Know-how und Erfahrungsbedarf des Unternehmers etc.),
- die aktuelle Verfassung des Unternehmens (z.B. dynamische Wachstumsphase oder Krise),
- die aktuelle Verfassung der Branche (Wachstum, Schrumpfung, Wettbewerbsintensität, Innovationen etc.),
- die Regionen, in denen das Unternehmen tätig ist (nur national/ auch international).

Alle Beiratsmitglieder sollten generell über fundiertes betriebswirtschaftliches Know-how, allgemeine Management-Erfahrung und strategische Führungskompetenz verfügen. Wichtig ist aber darüber hinaus, dass die einzelnen Mitglieder auf dem spezifischen Fachgebiet, das sie in dem Gremium schwerpunktmäßig vertreten sollen, über ein möglichst exzellentes theoretisches und praktisches Wissen verfügen.

Idealerweise sollten die folgenden fachlichen Kompetenzen im Beirat repräsentiert sein:

1. Allgemeine Kenntnisse
- der Betriebswirtschaft,
- des Marktes,
- der Branche,
- der Wettbewerbssituation,
- der Erfolgsfaktoren des spezifischen Unternehmens.

2. Spezielle Qualifikationen
Je nachdem, wie sich die individuelle Situation des Unternehmens darstellt, können zusätzliche Qualifikationen erwünscht sein, z.B.
- Detailkenntnisse in kaufmännischen Bereichen,
- vertiefte Kenntnisse und Erfahrungen in Marketing und Vertrieb,
- besondere Kenntnisse im Einkauf,
- besonderes Know-how im Bereich IT, Logistik oder Produktion.

3. Spezielle Qualifikationen für Ausschüsse
Für die Tätigkeit in Ausschüssen des Beirats können weitere besondere Kenntnisse erforderlich sein, z.B.
- im Prüfungsausschuss: Erfahrungen in der Anwendung von Rechnungslegungsgrundsätzen und internen Kontrollverfahren,
- im Personalausschuss: Expertenwissen und Erfahrung in Personalbeurteilung, Personalauswahl und Managemententwicklung.

7.2 Die persönlichen Voraussetzungen

Insgesamt ist die Arbeit von Beiräten in den letzten Jahren, wie schon erwähnt, spürbar professioneller geworden – und damit sind die Anforderungen an deren Qualifikation gestiegen. Für die einzelnen Beiratsmitglieder bedeutet dies konkret
- die Bereitschaft zu mehr Verantwortung,
- eine (zeitlich wie inhaltlich) deutlich intensivere Beschäftigung mit den anliegenden Beiratsthemen,
- damit verbunden die Notwendigkeit vertiefter Fachkenntnisse und effizienterer Arbeitsweise,

- die Bereitschaft, den eigenen Wissensstand weiterzuentwickeln,
- höhere Führungs- und Management-Kompetenz sowie
- alles in allem gesteigerte Teamfähigkeit.

Angesichts der großen Bedeutung der Beiratsarbeit für die Eigentümerfamilie und die Existenz des gesamten Unternehmens sind verständlicherweise höchste Anforderungen an das Persönlichkeitsbild der Kandidaten zu stellen.

Hier können nur einige bedeutende Voraussetzungen genannt werden. Eine vollständige Auflistung und auch eine Priorisierung ist an dieser Stelle nicht zielführend, da diese Anforderungen jeder, der einen Beirat einrichtet und bestellt, für sich selbst definieren und festlegen muss. Zudem wird nicht jeder Kandidat alle Anforderungen gleichzeitig und in gleichem Maß erfüllen. Es geht letztlich darum, dass jedes Beiratsmitglied möglichst viele dieser Kriterien bestmöglich abdeckt.

Zu den allgemeingültigen Merkmalen gehören u.a.:

- **Integrität.** Integrität bedeutet, dass sich die Person loyal gegenüber dem Unternehmen und dem Unternehmer verhalten muss und keine eigennützigen Interessen zulasten des Unternehmensinteresses bzw. zugunsten der eigenen Stellung verfolgt.
- **Autorität.** Ein Beirat sollte natürliche Autorität ausstrahlen, die auf Kompetenz, Selbstbewusstsein und Charakterstärke beruht. Ohne diese Eigenschaften ist erfolgreiches Agieren in einem kollegialen Gremium und auch gegenüber gestandenen, selbstbewussten Unternehmern kaum denkbar. Erst recht im Konfliktfall sollte ein Beirat mit Autorität und Überzeugungskraft auftreten können.
- **Moderationstalent.** Gute Beiräte sind gute Vermittler. Oft müssen sie zwischen verschiedenen Parteien ausgleichen – zwischen Gesellschafter- und Unternehmensinteressen oder auch zwischen mehreren Gesellschaftern. Hier ist Fingerspitzengefühl gefragt. Das schließt aber nicht aus, dass ein Beiratsvorsitzender, „wenn es erforderlich ist, auch einmal sehr deutlich werden muss", findet Clemens van den Berg, erfolgreicher Unternehmer und Beirat in mehreren Familienunternehmen.

- **Teamfähigkeit.** Der Beirat kann nur dann sinnvoll arbeiten, wenn die Mitglieder drei Grundvoraussetzungen erfüllen: Sie müssen das gleiche Unternehmensinteresse vor Augen haben. Sie müssen bereit sein, in kollegialer Atmosphäre zusammenzuarbeiten. Und sie müssen jegliches Eigeninteresse außen vor lassen. Mit einem Wort: Sie müssen ein von gegenseitigem Respekt getragenes Team sein. „Beiratsarbeit ist Teamplay", sagt ein erfahrener Beirat, „wer das nicht versteht, ist für den Job nicht geeignet."
- **Veränderungskompetenz und Abstrahierungsvermögen.** Hier ist die Fähigkeit gefragt, tradierte Handlungsmuster zu erkennen und in Frage zu stellen. Um die richtigen Antworten zu erhalten, muss man die richtigen Fragen stellen können, d.h. alternative Handlungsoptionen erfragen und beurteilen, Nachdenklichkeit erzeugen, Offenheit und Kreativität schaffen.
- **Kritik- und Konfliktfähigkeit.** Ein Beirat darf nicht aus „Ja-Sagern" bestehen. Er sollte ein Gremium sein, das mit Kritiken und Konflikten konstruktiv umzugehen versteht. Diese Fähigkeit sollte deshalb besonders stark ausgeprägt sein, weil der Beirat sowohl zur Seite der Gesellschafter als auch zur Geschäftsführung hin professionell, lösungs- und ergebnisorientiert seine Rolle und die ihm zugewiesene Kompetenz zum Wohle des Unternehmens wahrnehmen muss.
- **Strategieorientierung.** Da ein großer Teil der Beiratsaufgaben nach vorn gerichtet ist – Fehler der Vergangenheit sind allenfalls dazu da, um aus ihnen zu lernen –, ist es von Vorteil, wenn ein Beiratsmitglied nicht bei der Analyse stehen bleibt, sondern Handlungsoptionen und -empfehlungen für die Zukunft entwickelt.

Arno Probst und Professor Manuel R. Theisen haben in einer Befragung von Aufsichtsräten deren Meinung zu den notwendigen Kompetenzen von Beratergremien in Familienunternehmen ermittelt. Danach rücken bei Familienunternehmen „kommunikative/mediatorische Kompetenzen sowie starkes persönliches Engagement in den Fokus der Erwartungen". Die beiden Autoren sprechen hier von einer

„Balance zwischen persönlicher Einbringung und fachlicher fundierter Überwachungsbeobachtung".

Auf drei weitere Voraussetzungen soll an dieser Stelle aufgrund ihrer Bedeutung besonders vertiefend eingegangen werden:

- Vertrauen,
- Unabhängigkeit und
- Zeitreserven.

Vertrauen. Letztlich sind die persönlichen Anforderungen vom Rollenverständnis des Unternehmers und des Beiratsgremiums abhängig. Unbestritten ist, dass die externen Beiräte das Werte- und Zielsystem der Eigentümerfamilie akzeptieren und auch teilen müssen. Der Beirat eines Familienunternehmens repräsentiert die Inhaber, nicht das Management. Der Beirat ist Treuhänder der Gesellschafter, der Familie. Dennoch muss er in seiner Arbeit immer in beide Richtungen denken: Er informiert die Gesellschafter über die Entwicklung des Unternehmens und vertritt zugleich die Interessen der Gesellschafter gegenüber der Geschäftsführung.

Daraus folgt, dass die Gesellschafter selbstverständlich hohes Vertrauen in die Beiratsmitglieder haben sollten und auch ein vertrauensvoller Umgang mit der operativen Geschäftsführung gepflegt wird. Wobei betont werden muss, dass Vertrauen nicht mit „allseitiger und steter Harmonie" verwechselt oder gleichgestellt werden sollte. Der Beirat muss trotz aller vertrauensvollen Zusammenarbeit mit der Geschäftsführung nicht nur berechtigt sein, konstruktiv kritische Fragen zu stellen. Vielmehr sollte auch die Geschäftsführung darauf Wert legen, dass der Beirat diese Funktion ausfüllt. Denn nur dann wird der Beirat seiner ihm zugewiesenen Funktion gerecht, „beiratend und beratend" tätig zu sein.

Unabhängigkeit. Neben allen schon genannten Eigenschaften sollten sich Beiräte durch hochgradige Unabhängigkeit auszeichnen. Das bedeutet auch, dass das künftige Beiratsmitglied privat wie beruflich unabhängig vom Unternehmer und Unternehmen sein muss. Auch heute findet man im Beirat von Familienunternehmen häufig noch den langjährigen beratenden Familienanwalt oder den Wirtschaftsprüfer des Unternehmens vor. Dies ist zunächst naheliegend und verständlich. Beide Parteien kennen sich häufig schon sehr lange, es besteht eine gewachsene Vertrauensbasis. Der externe Berater hat auch tiefe Kenntnis über die Historie und die Entwicklungen des Unternehmens und der Gesellschafter. Insoweit ist auch keine lange Einarbeitung nötig. Nachteil ist aber der eindeutig vorhandene Interessenkonflikt. Denn die für das Unternehmen tätigen Berater erzielen zumindest einen Teil – und oft einen nicht geringen Teil – ihres Honorarvolumens oder Einkommens aus diesen Beraterverträgen. Unvoreingenommene Beiratsarbeit ist daher kaum möglich.

Manche Experten gehen noch weiter und verlangen, dass Rechtsanwälte, Wirtschaftsprüfer und Steuerberater – selbst wenn sie nicht zu dem Unternehmen in Beziehung stehen – grundsätzlich nicht in einen Beirat gehören. So apodiktisch sollte man diese Frage indes nicht entscheiden. Denn es gibt hochkarätige Vertreter dieser Berufsgruppen, die sich aufgrund ihrer langjährigen Berufserfahrung und ihres umfassenden Know-hows eine exzellente Unternehmersicht erworben haben. Und diese können sehr wohl gute und loyale Beiräte für ein Familienunternehmen sein.

Dennoch nehmen viele Unternehmer in diesem Punkt eine eindeutige Position ein. „Ein Banker oder Wirtschaftsprüfer als Beirat eines Familienunternehmens ist Quatsch", sagt Thomas Wolff, Geschäftsführender Gesellschafter der Wolfcraft GmbH. Auch gute Freunde sollte man nicht in einen Beirat berufen, rät Clemens van den Berg. Begründung: Ein Beirat sollte sein Mandat zurückgeben können, wenn ihm etwas nicht passt – unter Freunden wäre das heikel. Und Stephan Schwarz von GRG ergänzt: „Das Know-how von Spezialisten wie Wirtschaftsprüfern oder Anwälten kann das Unternehmen bei Bedarf einkaufen, eine Mitgliedschaft im Beirat ist dafür nicht zielführend."

Zeitreserven. Ein Beiratsmitglied sollte über ausreichend disponible Zeit verfügen. Hier gilt der Grundsatz: Das notwendigerweise aufzubringende Zeitbudget (hinsichtlich Umfang und Intensität) ergibt sich nicht aus den Zeitreserven des einzelnen Beiratsmitglieds, sondern aus dem zu überwachenden Unternehmen und seiner ganz spezifischen Situation heraus. Je problematischer die Situation des Unternehmens, je größer also der „Beiratungs“-Bedarf, desto mehr Stunden und Tage wird sich der Beirat dem Unternehmen widmen müssen. Er braucht:

- Zeit für die Vorbereitung der Sitzungen (Dokumente durcharbeiten, Fragen formulieren),
- Zeit für die Sitzungen,
- Zeit für die Arbeit zwischen den Sitzungen,
- Zeit für Sondersitzungen (z.B. bei anstehenden Unternehmenskäufen, bei Absatz- oder Produktionsproblemen, bei personellen Angelegenheiten),
- Zeit für Arbeit in Ausschüssen (z.B. im Personalausschuss, im Audit Committee u.Ä.)

In vielen Familienunternehmen ist es darüber hinaus üblich, dass es neben den formellen Zusammenkünften auch informelle Beiratstreffen gibt: Besuch von Auslandsniederlassungen, gemeinsamer Besuch kultureller Veranstaltungen und vieles mehr. Diese Zusammentreffen sollen das gegenseitige Vertrauen stärken und die Bindung an das Unternehmen fördern.

Im Endeffekt dürften „Beiräte erfolgreicher Familienunternehmen sehr viel mehr Zeit mit ihren Beratungen als Aufsichtsräte von Börsengesellschaften vergleichbarer Größe“ verbringen, schreibt dazu Hermut Kormann.

Nach einer Befragung von Arno Probst und Manuel R. Theisen müssen Aufsichtsräte von Gesellschaften verschiedener Rechtsformen im Allgemeinen mit einem jährlichen Zeitaufwand von insgesamt zwölf bis 15 Arbeitstagen je Mandat rechnen. Davon entfallen je rund vier Zehntel auf die Vorbereitung der Sitzungen und die Sitzungen selbst, zwei Zehntel auf Kontaktpflege und Information.

Die von Probst/Theisen interviewten Beirats-Insider empfehlen denn auch, maximal vier Mandate (= arithmetisches Mittel der Angaben) als nebenamtlicher Berater zu übernehmen. Bei hauptamtlicher Aufsichtsrats-/Beiratstätigkeit lautet die empfohlene Obergrenze sieben Mandate (bei einer Spannweite der Angaben von zwei bis 15 Mandate).

Diese Kennzahlen aus der Befragung beziehen sich auf Mandate als einfaches Mitglied. Für Vorsitzende reduziert sich wegen der höheren zeitlichen Beanspruchung das empfohlene Limit auf 1,6 (nebenberufliche) bzw. 3,8 (hauptberufliche) Mandate.

Trotz dieser insgesamt hohen Anforderungen, die an Beiratsmitglieder zu stellen sind, sollten Unternehmer und Gesellschafter aber nicht den Anspruch haben, dass der Beirat schlagartig alle ihre Probleme löst. „Man sollte nicht davon ausgehen, dass mit der Berufung eines Beirats nun plötzlich die Firma deutlich besser läuft", warnt Jan Rüggeberg, Gesellschafter und Beiratsmitglied des Familienunternehmens August Rüggeberg GmbH & Co. KG in Marienheide. „Und man kann auch nicht erwarten, dass der Beirat dem Unternehmer nun die strategischen Ideen liefert, die er selbst nicht hat." Vielmehr sind mit einer solcherart professionellen Besetzung des Beiratsgremiums zwar notwendige, aber noch keine hinreichenden Voraussetzungen für eine erfolgreiche Beiratsarbeit geschaffen. Weitere wichtige Elemente finden Sie im folgenden Kapitel.

8. Prozedere 2: Zusammensetzung des Beirats und Anzahl der Mitglieder

Zusammenkunft ist ein Anfang. Zusammenhalt ist ein Fortschritt. Zusammenarbeit ist der Erfolg.
Henry Ford (1863–1947), amerikanischer Unternehmer

Hinsichtlich der Zahl der Beiratsmitglieder haben Familienunternehmen weitgehende Gestaltungsfreiheit. Es gibt nur eine gesetzliche Vorschrift, die hier zu beachten ist, und auch nur, wenn es sich um eine große GmbH handelt (siehe Seite 20f.). Für diese Unternehmen hat der Gesetzgeber verfügt, dass der Beirat mindestens drei Mitglieder umfassen muss. In allen anderen Fällen können die Gesellschafter selbst entscheiden, wie viele Mitglieder sie berufen wollen. Und diese

Entscheidung ist dann abhängig von den Motiven für die Installation eines Beirats und den Aufgaben, die er übernehmen soll.

8.1 Zusammensetzung des Beirats

Ein Beiratsmitglied sollte, wie schon eben dargelegt, niemals in einem persönlichen oder wirtschaftlichen Abhängigkeitsverhältnis zum Unternehmen stehen (das gilt z.B. für Lieferanten, Vertreter der Hausbank, den Wirtschaftsprüfer des Familienunternehmens etc.). Aber auch Personen, die eng mit einem Wettbewerber verbunden sind, eignen sich in aller Regel nicht als Beirat.

Unabhängig von dieser Konstellation sollte dem Beirat auf jeden Fall immer ein ausgewiesener Finanzexperte angehören. Aber am Ende zählt die Mischung, die ausgewogene, möglichst viele Fachbereiche abdeckende interdisziplinäre Zusammensetzung des Beiratsgremiums.

Wilfried Mocken (Underberg) beschreibt die Idealzusammensetzung so: ein Experte für Marketing und Vertrieb, einer für Finanz- und Rechnungswesen, einer für Technikthemen, sofern das Unternehmen technikorientiert ist. Mariel Kleeschulte (Kleeschulte Erden GmbH & Co. KG) präferiert diese Struktur: ein Jurist als Vorsitzender, ein Marketing-Experte, ein Unternehmer, der seine Stärke im Analysieren von Geschäftszahlen hat. Ähnlich argumentiert Wolfgang Handt (Beirat bei Wolfcraft): ein Jurist, ein Marketing-Profi, ein Finanz-Mann.

Immer wieder wird mir auch die Frage gestellt, wie nah ein Beiratsmitglied eigentlich am Markt und der Branche des Unternehmens sein muss, um seinen vollen Nutzen in die Waagschale werfen zu können. Letztlich hängt dies natürlich auch von der Teambesetzung des Beirats ab. Wenn man z.B. in einem Dreier-Gremium bereits über zwei Mitglieder mit exzellenten Markt- und Branchenkenntnissen verfügt, so kann es für die Diskussionen und die strategische Zukunft des Unternehmens durchaus sehr befruchtend sein, einen Branchenfremden mit ins Gremium aufzunehmen. Solche Persönlichkeiten haben den Vorteil, dass sie ungehemmt frei und quer denken können – und manchmal auch scheinbar ganz naive Fragen stellen können, die altgediente Fachleute ins Grübeln bringen. „Frei von eingefahrenen Verhaltensmustern haben sie die Möglichkeit, mit unverstelltem Blick neue Chancen für das Unternehmen zu entdecken, schleichende Fehlentwicklungen aufzuspüren und innovative Impulse zur Zukunftssicherung zu geben", formulierte dazu Dieter Kuck[3]. Am besten sind hierfür Persönlichkeiten geeignet, die gepaart mit einer langjährigen Erfahrung gelernt haben, in wirtschaftlichen und unternehmerischen Zusammenhängen zu denken.

Einer dieser wirtschaftlichen Zusammenhänge hat in den letzten Jahren immer größere Bedeutung erlangt – und sollte daher bei der Zusammensetzung des Beirats entsprechend berücksichtigt werden. Es geht um das Thema Internationalisierung. Große Familienunternehmen sind oft schon seit Jahrzehnten international engagiert, und dieser Trend weitet sich zunehmend in Richtung mittelgroßer und kleiner Familienunternehmen aus. In vielen Branchen ist ein Verzicht auf grenzüberschreitende Aktivitäten heutzutage schon undenkbar. Und oft entwickelt sich aus reinen Lieferbeziehungen mit ausländischen Firmen ein wachsendes direktes Engagement vor Ort in Form von Niederlassungen, Joint Ventures oder eigenen Fertigungsstätten. Spätestens dann, wenn ein Unternehmen in diese Dimensionen der Internationalisierung vorgedrungen ist, benötigt es einschlägige Kompetenz in seinem Beirat. Dann gilt es, nicht nur die Aktivitäten im Heimatland kritisch zu beobachten und zu kontrollieren, dann muss der Beirat – oder zumindest eins seiner Mitglieder – so viel vom internationalen Geschäft und dessen Fußangeln verstehen, dass er der Geschäftsführung hier ein ebenbürtiger Gesprächspartner und Sparringspartner sein kann. Und wenn dieses Know-how aus eigener Tätigkeit im Ausland herrührt, mit einschlägigen Kenntnissen fremder Sprachen, fremder Kulturen und fremder Geschäftspraktiken – umso besser für die Kompetenz des Beirats.

---

[3] Dieter Kuck: „Gestiegene Anforderungen an Beiratsmitglieder". In: „Der Aufsichtsrat" 06/2007, S. 86ff.

Ein Aspekt ist an dieser Stelle allerdings zu betonen: Beiräte müssen nicht auf allen Gebieten gleich gut ausgebildet und kompetent sein. Denn in der Regel wird ein Unternehmen seinen Beirat aus mindestens zwei, eher drei bis vier Personen bilden, so dass sich die Mitglieder ergänzen („Komplementarität der Kompetenzen“). Dies trägt dann auch dazu bei, dass man bei Diskussionen und der Suche nach Lösungen nicht in einheitlichen Denk- und Verhaltensmustern verharrt, sondern mehrdimensional denkt und diskutiert. Das erhöht zwangsläufig die Chance, zu ausgewogenen, im Idealfall sogar zu optimalen Lösungen und Entscheidungen zu kommen. Gerade in Krisensituationen oder bei Sanierungsfällen dürfte sich diese Konstellation bewähren.

Notwendig und gesucht ist letztlich eine Idealmischung aus Persönlichkeit, Fachkenntnis und Erfahrung. Dieter Kuck sagt dazu mit Recht: „Auf die Mischung kommt es an ... Ein qualifiziertes Team aus Vordenkern, Mitdenkern und Querdenkern hat die besten Voraussetzungen, Geschäftsführung und Gesellschafter qualifiziert zu beraten. Denn es scheut sich nicht, einerseits Neues zu wagen, andererseits auch unrealistische Pläne und Ziele entschlossen über Bord zu werfen.“[4]

Das gilt im Übrigen auch für die Alterszusammensetzung: jüngere, dynamische Beiratsmitglieder sollten die älteren, erfahreneren ergänzen. In der Praxis findet man daher für Beiratsmitglieder, die Expertenwissen aus Bereichen wie Vertrieb, Marketing oder Einkauf mitbringen sollen, häufig die Anforderung, dass diese noch aktiv im Berufsleben stehen sollen und daher jünger sein sollten (gewünschtes Alter zwischen 40 und 55 Jahren). Umgekehrt gilt dies für Beiräte mit speziellem Fachwissen zu Funktionen wie Finanzierung, Controlling und Bilanzierung nicht. Hier sind in der Praxis gerne auch Beiratsmitglieder gewünscht, die durchaus älter als 60 Jahre sein dürfen. Das mag damit zu tun haben, dass auf diesen letztgenannten kaufmännischen Gebieten wirkliche Marktnähe, aktuellstes Wissen über Branche, Wettbewerb, Lieferanten u.a. nicht übermäßig erforderlich sind.

---

[4] a.a.O.

In Gesprächen mit Mandanten zum Thema Beirat taucht immer wieder die Frage auf, ob eine Altersgrenze für Beiratsmitglieder verankert werden soll. Zunächst ist festzuhalten, dass es keine gesetzlichen Altersgrenzen für Beiräte gibt. Dennoch ist es aus unterschiedlichen Gründen sicherlich empfehlenswert, im Gesellschaftsvertrag eine Altersgrenze für Beiratsmitglieder einzuziehen. Hier die wesentlichen Argumente:

- Mit zunehmendem Alter verliert man an Marktnähe,
- die Netzwerke und Kontakte nehmen ab,
- die Aktualisierung von Know-how und Wissen findet nur noch in geringem Maße statt, insbesondere durch die fehlende operative Tätigkeit,
- die physische und psychische Belastbarkeitsgrenze sinkt,
- mit zunehmendem Alter wächst der Unwillen, Tätigkeiten oder Aufgaben niederzulegen.

Ohne vordefinierte Altersgrenze ist dann ein notwendiger personeller Wechsel nur schwer zu vollziehen. In der Praxis am häufigsten vorzufinden ist übrigens die Altersgrenze von 70 Jahren.

8.2 Anzahl der Beiratsmitglieder

In der Praxis bestehen die meisten Beiräte aus drei Mitgliedern, und über zwei Drittel zählen zwischen zwei und fünf Mitgliedern. Chart 10 zeigt die prozentuale Verteilung der Anzahl der Beiratsmitglieder je Gremium.

Grundsätzlich gilt die Regel: je kleiner das Gremium ist, umso effektiver kann es im Zweifel arbeiten, da die notwendigen Abstimmungsprozesse (Terminfindung, Diskussion in der Gruppe) mit weniger Personen stattfinden. Das bedeutet aber auch: Die Auswahl sollten die Verantwortlichen mit großer Sorgfalt vornehmen. Denn wenn der Beirat wirklichen Nutzen stiften soll, muss er sehr kompetent besetzt sein. Entpuppt sich in einem dreiköpfigen Gremium ein Mitglied als schwach, ist dies nur schwer zu verkraften. Ein großer Beirat hingegen kann das Problem überspielen.

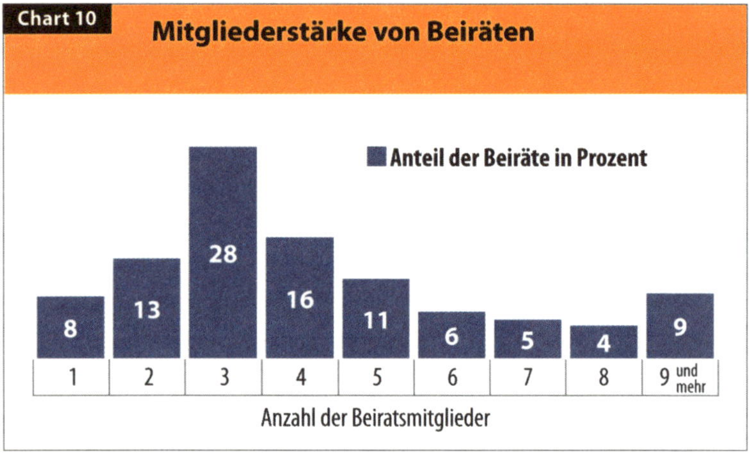

Quelle: INTES

In der Praxis hat es sich als sehr vorteilhaft erwiesen, wenn das Gremium aus einer ungeraden Anzahl von Mitgliedern besteht. Grund: So vermeidet man Pattsituationen bei Abstimmungen. Sollte man sich dennoch für eine gerade Anzahl von Beiratsmitgliedern entscheiden wollen, so ist es ratsam, dass der Vorsitzende des Beirats ein doppeltes Stimmrecht ausübt.

9. Prozedere 3: Suche nach geeigneten Persönlichkeiten

Erkenne die Fähigkeiten und Eigenschaften, die du nicht hast, und stelle Leute ein, die sie haben.
*Howard Schultz (*1953), amerikanischer Unternehmer (Starbucks)*

Das Anforderungsprofil und die Anzahl der Beiratsmitglieder sind damit umrissen. Die Suche nach geeigneten Beiratsmitgliedern kann beginnen.

Wer auch immer diese Aufgabe übernimmt – er arbeitet an der Königsdisziplin jeder Beiratstätigkeit. Denn in die Suche nach geeigneten Beiratspersönlichkeiten sollte man die gleiche Energie, Sorgfalt und Professionalität stecken wie in das Aufspüren von leitenden Angestellten. Dies ist Konsens unter praktisch allen Unternehmern und Beiratsmitgliedern, mit denen ich über dieses Thema gesprochen habe.

Klar ist: Ein Beiratsgremium zusammenzustellen, das sich aufgrund der persönlichen und fachlichen Qualifikationen der einzelnen Mitglieder optimal ergänzt und über die erforderliche Unabhängigkeit vom Unternehmer verfügt, ist mit einigem Aufwand an Zeit und Kosten verbunden. Die drei wesentlichen Schritte zu diesem Ziel sollten der Unternehmer und seine Mitgesellschafter festlegen:

1. Wie finden wir geeignete Persönlichkeiten?
2. Wie gewinnen wir sie für unseren Beirat?
3. Wie binden wir sie langfristig an unser Unternehmen?

9.1 Wie finden wir geeignete Persönlichkeiten?

Wer Beiratsmitglieder sucht, schaut sich naturgemäß zunächst in seinem direkten Umfeld um. Häufiger Diskussionspunkt in vielen Unternehmen ist die Frage, ob Familienmitglieder im Beirat vertreten sein sollten. Dagegen ist grundsätzlich nichts einzuwenden. Und zulässig ist dies allemal. Beiratsmitglieder sollten aber auf keinen Fall zugleich Mitglied der Geschäftsführung sein. Wenn also ein Mitglied der Eigentümerfamilie in der Geschäftsführung aktiv ist, so sollte es nicht gleichzeitig dem Beirat angehören. Formal ist dies zwar möglich, sinnvoll jedoch nicht. Denn der Beirat ist ja ein die Geschäftsführung beratendes oder kontrollierendes Gremium.

Die Frage ist aber, ob eine solche Konstruktion – Gesellschafter in den Beirat – opportun erscheint. Die Mehrheit der Autoren zu diesem Thema vertritt mittlerweile die Meinung, dass ein Beirat möglichst überwiegend mit Fachleuten von außen besetzt sein sollte. Damit wird die Neutralität gewahrt und Familienzwist und -streitigkeiten bleiben außen vor. Ich persönlich halte sehr viel davon, wenn die Gesellschafter im Beirat vertreten sind. Sie sollten aber nicht die Mehrheit stellen.

Wenn möglich, sollte also immer ein Mitglied aus dem Gesellschafterkreis des Unternehmens auch im Beirat vertreten sein. Natürlich sollte dabei sichergestellt werden, dass das aus dem Gesellschafterkreis in den Beirat gewählte Mitglied auch den Anforderungen an Beiräte genügt. Zum einen wird damit die unternehmerische und emotionale Nähe der Gesellschafter zum Unternehmen deutlich zum Ausdruck gebracht. Zum anderen – und das ist ein mindestens ebenso wichtiges Argument für die Aufnahme eines Gesellschafters in den Beirat – kann dadurch sichergestellt werden, dass das durch die Inhaberfamilie definierte Werte- und Zielsystem auch authentisch in das Beiratsgremium und dessen Arbeit transportiert und dort gelebt wird.

Die ideale Kombination für eine optimale Beiratsbesetzung besteht also aus einem fachlich wie persönlich starken Vertreter der Familie und starken externen Mit-Beiräten. Genau dieser Mix verspricht am meisten Erfolg für ein Unternehmen.

Chart 11

Zugehörigkeit der Beiratsmitglieder

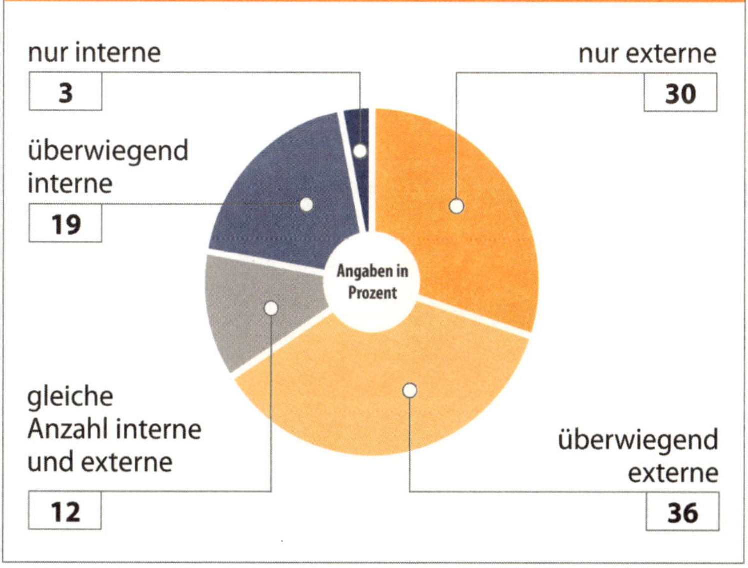

Quelle: INTES

An dieser Stelle auch eine „kleine“, aber sehr wichtige Empfehlung, um Konflikte von vornherein zu vermeiden: Wenn ein Mitglied der Inhaberfamilie Vorsitzender oder Sprecher der Geschäftsführung ist, sollte der Vorsitzende des Beirats dann ein familienfremdes Mitglied sein. Ist dagegen ein Familienfremder Vorsitzender oder Sprecher der Geschäftsführung, sollte der Vorsitzende des Beirats nach Möglichkeit ein entsprechend qualifiziertes Mitglied der Inhaberfamilie sein.

Die Empfehlung, dass externe Mitglieder in Beiratsgremien dominieren sollten, entspricht im Übrigen auch den aktuellen Strukturen in den meisten Beiräten: 66 Prozent aller Gremien sind überwiegend oder ausschließlich mit Familienfremden besetzt. Dies belegt eine aktuelle INTES-Studie (siehe Chart 11).

Wie also sollten die Gesellschafter bei der Suche nach geeigneten Beiratsmitgliedern konkret vorgehen? Eine Möglichkeit besteht darin, einzelnen Gesellschaftern oder Gesellschafterstämmen ein Vorschlags- und Nennungsrecht einzuräumen. Sofern damit wirklich nur ein Vorschlag unterbreitet wird, der anschließend nach Qualifikationsmerkmalen weiter verfolgt wird, ist dies in Ordnung. Ist mit dieser Nominierung aber (durch vereinbarte Regeln oder „ungeschriebene Gesetze“) zugleich die Berufung verbunden, so ist dies bedenklich.

9.2 Wie gewinnen wir die geeigneten Kandidaten für unseren Beirat?

Freunde, Bekannte, Geschäftspartner, „Haus-Banker“, Berater des Unternehmens – sie alle scheiden wegen drohender Interessenkonflikte und der fehlenden Neutralität als Kandidaten aus. Da enge Vertraute somit nicht in Betracht kommen, sollte der Unternehmer außerhalb des Freundeskreises zwei bewährte andere Wege parallel gehen. Zum einen dürften im erweiterten persönlichen Netzwerk – also z.B. Verbindungen innerhalb der Kammer oder innerhalb des Fachverbands – der eine oder andere geeignete Kandidat aufzuspüren sein. Um aber auch außerhalb dieses Netzwerks die Fühler auszustrecken, bietet sich die Einschaltung professioneller Dienstleister an, also Personalberater oder das INTES-Beiratsnetzwerk. Beide Kanäle sind die am häufigs-

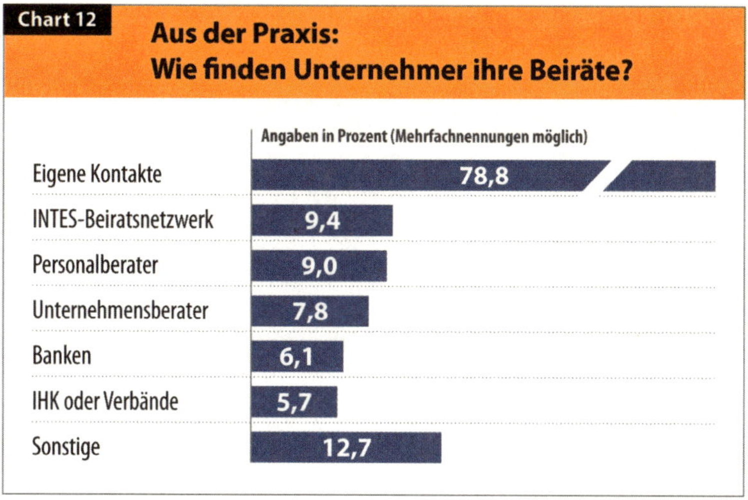

Quelle: INTES

ten genannten Anlaufstellen außerhalb des persönlichen Netzwerks (siehe Chart 12).

In dieser Suchphase ist es wichtig, dass ein klar definiertes Anforderungsprofil vorhanden ist, das sowohl die fachlichen als auch die persönlichen Qualifikationsmerkmale auflistet (siehe Kapitel 7: „Prozedere 1: Anforderungen an Beiratsmitglieder").

Hat man Kandidaten ausgemacht, die nach der Papierform die Anforderungen erfüllen, geht es im nächsten Schritt darum, diese persönlich anzusprechen und zu sondieren, ob sie tatsächlich Interesse an der angebotenen Beiratstätigkeit haben. In diesen Gesprächen sollte der Unternehmer bzw. sein Berater das Umfeld, in dem sich der künftige Beirat bewegen soll, so ehrlich wie möglich beschreiben:

- das Profil des Unternehmens,
- die Art der Aufgabe (beratender oder entscheidungskompetenter Beirat),
- den Zeitbedarf für die gestellte Aufgabe,
- die Besonderheiten des Unternehmens: aktuelle Probleme, Struktur der Gesellschafter, Struktur der Geschäftsführung, bestehende

Konflikte zwischen den Gesellschaftern oder zwischen Gesellschaftern und Geschäftsführung etc.

Wenn der suchende Unternehmer dem Interessenten eine spannende Aufgabe – eine Aufgabe, bei der er seine Fähigkeiten unter Beweis stellen und Erfolge erzielen kann – anbietet, wird er mit einiger Wahrscheinlichkeit sein Gegenüber überzeugen können.

Ganz zentral ist in dieser Phase, die Erwartungen an den Beirat zu formulieren. Damit Enttäuschungen möglichst vermieden werden.

Parallel sollte der Unternehmer jetzt aber auch den Kandidaten „auf Herz und Nieren" prüfen. Denn hier geht es um eine auf Dauer angelegte, sehr enge Beziehung. Nicht nur der künftige Beirat soll wissen, auf was er sich einlässt. Auch der Repräsentant der Gesellschafter muss sich die Frage beantworten, ob der Beirats-Aspirant der Richtige für diese Aufgabe ist.

- Er muss eng mit dem Unternehmer zusammenarbeiten.
- Er wird in den engsten Familienkreis eingeführt werden.
- Er soll eine beachtliche Verantwortung übernehmen.

Damit wird klar, dass die Auswahl des richtigen Beiratsmitglieds parallel auch die Auswahl des richtigen Unternehmens für das mögliche Beiratsmitglied ist. Am Ende muss eine Verständigung zwischen zwei gleichgesinnten und gleichrangigen Parteien vorliegen.

Das kann nur gut gehen, wenn die gegenseitige Beziehung von Vertrauen geprägt ist, wenn die Person in jeder Hinsicht integer ist, wenn die „Chemie" stimmt. Diese Anforderung hat zumindest einen genauso hohen Stellenwert wie die Erfüllung der fachlichen Voraussetzungen.

Thomas Keidel, Geschäftsführer der Carl Mahr Holding, geht da ganz investigativ vor. Er trifft sich mit Kandidaten zum Essen, hört genau zu beim Smalltalk, schaut hin, ob sein Gegenüber eher introvertiert ist oder auf Menschen zugehen kann, versucht so viel wie möglich über ihn herauszufinden. „Letztlich frage ich mich, ob ich mit diesem Menschen zwei oder drei Wahlperioden lang das Unternehmen weiterentwickeln kann." Auch Clemens van den Berg schaut sich Kandidaten sehr genau an, macht sich ein Bild von seiner Kultur, seiner Bildung, seinen Lebensumständen („Ich bin da ganz altmodisch und frage, ob er Kinder hat").

Aus meiner Erfahrung bei der Vermittlung von Beiratspositionen stellen die guten potenziellen Beiräte (siehe Chart 13) nahezu immer in der ein oder anderen Form die folgende Frage: Wie kann ich zum Erfolg des Unternehmens beitragen? Daher ist meine Empfehlung an dieser Stelle ganz eindeutig: Sorgen Sie für eine klar definierte und anspruchsvolle Aufgabe. Und sorgen Sie dafür, dass die Meinung des Beirats gehört wird.

Chart 13

Motivationen für ...

schwache Beiräte	wertvolle Beiräte
▶ Prestige ▶ Hoher eigener Vorteil aus dem Netzwerk ▶ Eigene Lerneffekte sind größer als die für das Unternehmen ▶ Zusatzeinkommen	▶ Neugier und Freude an der Aufgabe ▶ Die Vorstellung, etwas mitgestalten zu können ▶ Der Wunsch, Erfahrungen einbringen zu können ▶ Eigene Nutzen- und Lerneffekte
Solche Beiräte bewerben sich um das Mandat	**Solche Beiräte müssen gewonnen werden**

Merke: Gute Beiräte müssen gewonnen werden, schlechte drängen sich auf.

9.3 Wie binden wir die Beiräte an das Unternehmen?

Die Pflege des Betriebsklimas ist eine wichtige Aufgabe für jeden Unternehmer. Mitarbeiter wollen nicht nur ihr monatliches Gehalt, sie wollen Anerkennung und sich als wichtiges Mitglied der Mannschaft fühlen.

Ähnliches gilt auch für Beiräte. Die Bezahlung spielt bei ihnen vielfach eine völlig untergeordnete Rolle. Viel wichtiger ist ihnen, dass sie etwas gestalten können, dass sie ihr Talent zum Nutzen des Unternehmens einsetzen können. Sie suchen Freude und Erfüllung in ihrer Beiratstätigkeit.

Der Unternehmer sollte seinen Beirat daher nicht nur als Beratungsgremium betrachten, das drei- oder viermal im Jahr zusammentritt, die Tagesordnung abarbeitet und dann wieder aus dem Blickfeld verschwindet. Der Beirat ist ein partnerschaftliches Gremium – und diese Partnerschaft will gepflegt werden.

Diesem Ziel können die verschiedensten Maßnahmen dienen. Denkbar ist, am Vorabend vor Beiratssitzungen jeweils zum gemeinsamen Abendessen einzuladen. Der gemeinsame Besuch kultureller Veranstaltungen, gemeinsame Reisen zu (Auslands-)Niederlassungen des Unternehmens gehören ebenso dazu wie die Teilnahme an Gesellschafterversammlungen oder Treffen im privaten Kreis, auch unter Einbeziehung der jeweiligen Lebens- und Ehepartner. Selbst die Einladung der Beiräte zur Weihnachtsfeier des Unternehmens sendet Signale, die als atmosphärisch angenehm und vertrauensfördernd empfunden werden. Alles kleine Maßnahmen mit großer Wirkung. Selbstverständlich kann es hier kein Patentrezept geben. Zumal bei diesen Anregungen auch beachtet werden muss, dass Beiräte zumeist ein knappes Zeitbudget haben und soziale Veranstaltungen auch nicht übermäßig häufig durchgeführt werden sollten, um den gewünschten Effekt nicht ad absurdum zu führen.

Nicht zuletzt auch hier der Hinweis: Ein Beirat wird nur langfristig an das Unternehmen zu binden sein, wenn seine Expertise und Meinung auch geschätzt wird. Dies bedeutet selbstverständlich nicht, dass jeder Empfehlung des Beirats nachzukommen ist. Der Unternehmer muss – sofern sein Beirat im konkreten Fall nicht entscheidungsbefugt ist – auch anderslautende Entscheidungen treffen können. Jedoch sollte dies dann immer begründet werden.

10. Selbstprüfung: Tauge ich als Beirat?

Nimm immer deine Aufgabe ernst, niemals dich selbst.
Dwight D. Eisenhower (1890–1969),
General und amerikanischer Präsident 1953–61

Wer eingeladen wird, im Beirat eines Familienunternehmens mitzuwirken, wird spontan zusagen wollen. Denn so eine Berufung ist in den Augen vieler eine Ehre, die man nicht zurückweisen kann. Und außerdem fördert sie das gesellschaftliche Ansehen.

Doch vor der allzu spontanen Zusage sollte man eine eingehende Selbstprüfung vornehmen. Der Auserwählte sollte sich ungeschminkt und vorbehaltlos Antwort geben auf einige Fragen. Und nur wenn er sie überwiegend – besser: ausnahmslos – mit ja beantwortet, kann er wirklich seiner Verantwortung gerecht werden:

- Bin ich sicher, dass ich dem Mandat persönlich und fachlich gewachsen bin?
- Habe ich genug Zeitreserven, um mich intensiv um die Aufgaben kümmern zu können?
- Bin ich bereit, mich aktiv und konstruktiv kritisch einzubringen?
- Bin ich frei von Interessenkonflikten, d.h. kann ich unvoreingenommen Aufsicht führen?
- Bin ich bereit, meine Tätigkeit als Aufsichtsratsmitglied von anderen beurteilen zu lassen?
- Bin ich bereit, für meine Entscheidungen persönlich zu haften?
- Bin ich bereit, zu den Gesellschaftern und den anderen Beiratsmitgliedern ein vertrauensvolles Miteinander aufzubauen?

Peter Dehnen, der Initiator von „German Boardroom“, zieht daraus das sicherlich sehr treffende Fazit, das sinngemäß natürlich auf Beiräte übertragbar ist: „Aufsichtsrat ist Arbeit“. Und er fährt fort: „Aufsichtsrat kann Hauptberuf sein, muss es aber nicht. Nur professionell sollte er schon sein.“[5]

Es empfiehlt sich also immer, nach der Motivation eines Kandidaten zu fragen.

[5] Peter H. Dehnen: „Aufsichtsrat ist Arbeit!“. In: „Der Aufsichtsrat“ 7–8/2008, S. 97

11. Juristisches: Formalitäten bei der Bildung eines Beirats

Wenn man einem Menschen trauen kann,
erübrigt sich ein Vertrag.
Wenn man ihm nicht trauen kann,
ist ein Vertrag nutzlos.
Wird dem amerikanischen Öl-Industriellen
John Paul Getty (1892–1976) zugeschrieben

Die Funktionen und Aufgaben, Rechte und Pflichten eines Beirats werden von den Gesellschaftern des Unternehmens festgelegt und in der Regel im Gesellschaftsvertrag dokumentiert. Der Beirat bekommt

Organstatus erst dadurch, dass ihm das oberste Organ des Unternehmens, also die Gesellschafterversammlung, bestimmte Befugnisse überträgt. Welche dies sind, darin ist die Gesellschafterversammlung zunächst grundsätzlich frei. Die Abgabe von Kompetenzen kann von einer reinen Beratungstätigkeit bis hin zu einer sehr umfassenden Übertragung von Gesellschafterrechten mit sehr hohem Einfluss auf die Geschäftsführung gehen. Allerdings muss der Kernbereich der Organe erhalten bleiben. Das bedeutet z.B., dass Änderungen im Gesellschaftsvertrag einschließlich Kapitalerhöhungen und -herabsetzungen nicht an einen Beirat übertragen werden dürfen. Nicht auf den Beirat delegierbar sind auch die Auflösung der Gesellschaft, Umwandlung und Verschmelzung sowie strukturverändernde Unternehmensverträge. Der Gesellschafterversammlung muss auch immer das Recht zustehen,

- Beiratsmitglieder aus wichtigem Grund abzuberufen oder
- die auf einen Beirat übertragenen Kompetenzen durch entsprechende Änderung des Gesellschaftsvertrags zu verändern oder rückgängig zu machen.

Soll ein Beirat erstmals installiert werden, so ist ein Blick in den Gesellschaftsvertrag des Unternehmens empfohlen. Ist die Errichtung eines Beirats dort bereits als Möglichkeit vorgesehen (viele Unternehmen haben diese Option festgeschrieben), so ist letztlich nur noch die Besetzung des Beirats zu vollziehen. Je nachdem, was der Gesellschaftsvertrag dazu vorsieht, reicht für die Berufung einer bestimmten Person die einfache Mehrheit, die qualifizierte Mehrheit – oder es ist Einstimmigkeit vorgeschrieben. Selbstverständlich kann es auch Entsendungsrechte einzelner Gesellschafterstämme geben, wenn dies im Gesellschaftsvertrag entsprechend verankert ist. Hiervon ist allerdings in den meisten Fällen abzuraten. Denn jeder entsendete Beirat wird letztlich ein Interessenvertreter des Stammes sein. Die erforderliche Neutralität ist damit kaum gewährleistet.

Ist das Organ Beirat noch nicht im Gesellschaftsvertrag verankert, ist in einer Gesellschafterversammlung – dies gilt sowohl für die Kapital- wie für die Personengesellschaft – eine entsprechende Änderung vorzunehmen. Während diese Änderung bei einer Personengesellschaft formlos und mit sofortiger Wirkung erfolgen kann, ist bei der Kapitalgesellschaft eine notarielle Beurkundung und deren Anmeldung und Eintragung im Handelsregister erforderlich.

Um unnötige Diskussionen zu vermeiden, sollten im Gesellschaftsvertrag hinsichtlich des Beirats folgende Eckpunkte fixiert sein:

- Aufgaben, Rechte und Pflichten des Beirats,
- Anzahl der Beiratsmitglieder,
- Amtsdauer der Beiräte,
- Berufungsverfahren,
- Modus für die Festlegung der Vergütung der Beiräte.

Zum Punkt Vergütung (siehe Seite 82) empfiehlt es sich, im Gesellschaftsvertrag nicht den absoluten Betrag festzulegen, sondern vorrangig die Maßgabe, dass die Gesellschafterversammlung die Vergütung festzulegen hat.

Weiterhin sollte der Gesellschaftsvertrag vorschreiben, dass der Beirat eine Geschäftsordnung haben muss. Diese kann die Gesellschafterversammlung beschließen. Alternativ kann der Gesellschaftsvertrag den Beirat ermächtigen, sich selbst eine Geschäftsordnung zu geben. Die Geschäftsordnung als solche (siehe Seite 74ff.) sollte aber möglichst nicht im Gesellschaftsvertrag verankert werden. Denn ansonsten muss bei jeder noch so kleinen Änderung der Geschäftsordnung eine Änderung des Gesellschaftsvertrags beschlossen werden. Das ist aufwändig und umständlich.

12. Regularien: Geschäftsordnung, Bestellung, Amtszeit

Was nicht auf einer einzigen Manuskriptseite zusammengefasst werden kann, ist weder durchdacht noch entscheidungsreif!
Dwight D. Eisenhower (1890–1969),
General und amerikanischer Präsident 1953–61

12.1 Die Geschäftsordnung

Ohne Ordnung geht es nicht. Jeder Verein hat eine Geschäftsordnung, aber erstaunlicherweise ist das für manchen Beirat in Familienunternehmen – obgleich von weitreichender Verantwortung geprägt – kein Thema. Allerdings kann man konstatieren, dass diese Fälle nach aktuellen Erhebungen mittlerweile in der Minderheit sind – aber eben noch immer existent.

Beiräten, die noch ohne Geschäftsordnung arbeiten, sei dringend angeraten, dies zu ändern. Zwar muss jedes Unternehmen, bezogen auf seine spezifische Situation, die für sich beste und effektivste Arbeitsweise entwickeln. Gewisse Mindeststandards sollten aber eingehalten und gelebt werden.

Die Gesellschafter sollten in ihrem Gesellschaftsvertrag die dem Beirat übertragenen Aufgaben festlegen. Der Beirat selbst sollte sich seine „innere Ordnung" selbst geben (sofern die Gesellschafter dies nicht schon durch einen Beschluss geregelt haben oder dies ggf. sogar im Gesellschaftsvertrag verankert ist). Wichtige Elemente dieser inneren Ordnung sind:

- Art der Wahl des Vorsitzenden,
- Art der Wahl des Stellvertreters,
- Anzahl der Sitzungen im Jahr,
- Einladungsfristen,
- Beschlussmodalitäten (einstimmig, mehrheitlich),
- Abstimmungsmodalitäten (nur persönlich bei Sitzungen, fernmündlich, im Umlaufverfahren).

Die Geschäftsordnung des Beirats des Familienunternehmens Wrede Holding finden Sie als Anregung für die Formulierung Ihrer eigenen Regularien im Anhang (siehe Seite 116ff.).

12.2 Die Bestellung

Der Beirat kann per Wahl durch die Gesellschafterversammlung oder durch eine im Gesellschaftsvertrag verankerte Entsendungsmöglichkeit bestellt werden. Bei der Entsendung von Beiräten durch einzelne Gesellschafter oder Gesellschafterstämme ist aber zu bedenken, dass damit bereits die Basis für das mögliche Hereintragen von Gesellschafterkonflikten in den Beirat gelegt wird. Darüber hinaus besteht bei Entsendung die große Gefahr, dass das entsandte Beiratsmitglied nicht in erster Linie das Wohl des Gesamtunternehmens im Auge hat, sondern den Vorteil des entsendenden Gesellschafters. Aus diesen Gründen empfiehlt sich für die Bestellung von Beiräten immer die Wahl durch die Gesellschafterversammlung.

Während bei der Personengesellschaft Einstimmigkeit erforderlich ist, ist bei der GmbH „nur“ die einfache Mehrheit vorgeschrieben – sofern im Gesellschaftsvertrag nichts anderes bestimmt ist. Auch hier empfiehlt es sich, aus Gründen einer möglichst breiten Vertrauensbasis ggf. sogar eine qualifizierte Mehrheit im Gesellschaftsvertrag vorzusehen. Dieses Vorgehen ist insbesondere dann anzuraten, wenn es mehrere Gesellschafter oder Gesellschafterstämme gibt.

12.3 Die Amtszeit

Es gibt keine gesetzlichen Vorschriften bezüglich der Amtszeit von Beiräten. Die Gesellschafter sind insoweit frei, diese festzulegen. Es spricht einiges dafür, sich für eine Amtsdauer von mehreren Jahren (vorzugsweise drei Jahre) zu entscheiden.

Damit ein Beirat nachhaltige Wirkung für das Unternehmen erzielen kann, braucht es eine gewisse Einarbeitungs- und Eingewöhnungszeit. Auch das Vertrauen zu den Gesellschaftern und der Geschäftsführung muss wachsen können. Umgekehrt sollte man zu weit in die Zukunft reichende Amtszeiten vermeiden. Das Argument: Sind die Gesellschafter (oder andere Beiratsmitglieder) mit der Arbeit eines Beiratsmitglieds unzufrieden oder kommt es zu atmosphärischen Störungen zwischen Gesellschaftern und Beirat oder ist z.B. aufgrund unternehmerischer Entscheidungen ein Wechsel im Beirat notwendig, so ist dieser bei kürzeren Amtszeiten leichter und schneller möglich. Der damit häufig einhergehende Einwand, dass – bei erfolgreicher Arbeit – ein Beiratswechsel nach drei Jahren eher kontraproduktiv ist, zieht nicht. Denn eine Verlängerung ist ja jederzeit möglich – sofern die Gesellschafter und das betreffende Beiratsmitglied dies einvernehmlich wünschen.

Ist eine feste Amtszeit z.B. durch Gesellschaftsvertrag oder Gesellschaftsbeschluss vorgesehen, endet das Beiratsamt automatisch zum

Ende der festgelegten Periode. Grundsätzlich ist eine Abberufung jederzeit möglich. In der Praxis wird in den meisten Fällen jedoch im Gesellschaftsvertrag vereinbart, dass eine Abberufung nur aus wichtigem Grund erfolgen kann. Ein wichtiger Grund liegt z.B. dann vor, wenn ein Beirat sich illoyal gegenüber dem Unternehmen verhält oder in erheblichem Umfang seine Pflichten verletzt. Sofern keine Regelungen zur Dauer der Amtszeit getroffen sind, ist der Beirat auf unbestimmte Zeit eingesetzt.

Es gibt auch andere Gründe für die Abberufung bzw. Beendigung des Beiratsamts. Diese sind:

- Das Beiratsmitglied erfüllt nicht mehr die im Gesellschaftsvertrag festgelegten fachlichen oder persönlichen Voraussetzungen für die Übernahme eines Beiratsmandats,
- Auflösung des Unternehmens,
- Auflösung des Beiratsgremiums durch Gesellschafterbeschluss und Änderung des Gesellschaftsvertrags,
- Tod des Beiratsmitglieds.

Darüber hinaus kann natürlich jedes Beiratsmitglied von sich aus sein Amt jederzeit und auch ohne Angabe von Gründen niederlegen. In diesem Fall ist es für die Gesellschafter und das Unternehmen von Vorteil, wenn hierfür eine angemessene Kündigungsfrist vorgesehen ist. Diese erlaubt es, rechtzeitig eine adäquate Wiederbesetzung vorzunehmen.

Die genannten Regularien „Bestellung“ wie auch „Amtszeit“ sollten generell gleichermaßen für familienfremde wie für familieninterne Beiratsmitglieder gelten. Hier sollte es keine unterschiedlichen Regelungen geben.

13. Primus inter pares: Die besondere Rolle des Vorsitzenden

Freilich ist's auch kein Vorteil für die Herde,
wenn der Schäfer ein Schaf ist.
Johann Wolfgang von Goethe (1749–1832)

Der Vorsitzende des Beirats vertritt den Beirat primär gegenüber den Gesellschaftern und der Unternehmensleitung. Damit ist der Vorsitzende auch erster Ansprechpartner für die Geschäftsführung.

Allerdings ist dabei immer zu beachten, dass der Vorsitzende des Beirats in Gesprächen und Diskussionen mit der Geschäftsführung in der Regel keine verbindliche Stellungnahme und/oder Entscheidung/

Beschluss abgeben darf. Dies ist in der Praxis in den meisten Fällen vollkommen zu Recht einer abschließenden Beratung und Entscheidung im Beirat vorbehalten. Insoweit können Gespräche zwischen dem Vorsitzenden und anderen Organen des Unternehmens immer nur der Vorbereitung von Beiratssitzung und -diskussion dienen.

Wenn eben davon die Rede war, dass der Vorsitzende den Beirat vertritt, dann bedeutet das nicht, dass der Beirat eine Rolle in der Vertretung des Unternehmens nach außen wahrzunehmen hat. Auch wenn dies „leider" in der Praxis immer wieder zu beobachten ist – für die Darstellung des Unternehmens nach außen zeichnet nicht der Beirat, sondern zunächst ausschließlich die Geschäftsführung oder gelegentlich und bei geeigneten Themen auch der gewählte Vertreter der Gesellschafter verantwortlich. Selbstverständlich kann es in bestimmten Einzelfällen oder Situationen hilfreich sein, wenn Geschäftsführung und Beirat Hand in Hand bestimmte Angelegenheiten des Unternehmens vorantreiben. Dies sollte aber in klarer Übereinkunft vorab zwischen Geschäftsführung und Beirat besprochen sein.

Abgesehen von diesen Restriktionen fällt dem Vorsitzenden als „Primus inter pares" eine herausgehobene Rolle zu. Denn von ihm wird besonderes Engagement gefordert, da er

- in der Regel der direkte Gesprächspartner für die Geschäftsführung ist (auch in strategischen Fragen),
- für Konsens sorgen muss,
- jedem seiner Kollegen Raum geben und doch klar führen und Entscheidungen herbeiführen muss,
- einen guten Instinkt und ein gutes Gefühl für Situationen benötigt,
- zu kritischen Fragen ermuntern und offene Diskussionen anregen sowie Meinungsverschiedenheiten zulassen muss,
- als Ziel Konsens und Integration verfolgen muss,
- aber auch Durchsetzungsstärke braucht (z.B. bei Fehlentwicklungen oder notwendigen personellen Veränderungen).

Auch wenn das Ziel immer einvernehmliche Empfehlungen und Entscheidungen des gesamten Beiratsgremiums sein sollte, wird das im

Zweifel nicht immer gelingen. Sofern nicht Einstimmigkeit vorgeschrieben ist, gibt es dann Mehrheitsentscheidungen. Gutes demokratisches Grundverhalten unterstellt, werden sich in diesem Fall alle Beiratsmitglieder der Mehrheitsentscheidung beugen und diese dann geschlossen nach außen vertreten. Wer sich diesem Modus partout nicht unterwerfen mag, hat nur die Option, sein Mandat niederzulegen.

Für die praktische Arbeit des Vorsitzenden hat es sich als empfehlenswert herausgestellt, dass er zwischen den Beiratssitzungen regelmäßig zum Gedankenaustausch und zur gegenseitigen Information über aktuelle Entwicklungen mit der Geschäftsführung kommuniziert. Dies kann persönlich oder auch telefonisch geschehen. Als Turnus ist ein Abstand von drei bis vier Wochen realistisch – sofern nicht besondere Umstände (Krise des Unternehmens, Umstrukturierung, Gründung) eine kürzere Frequenz nahe legen. Ziel dieser Kommunikation kann sein:

- regelmäßige (auch inoffizielle) Informationen über den Fortgang der Geschäfte auszutauschen,
- Informationen über besondere Vorkommnisse weiterzugeben,
- eine Art Frühwarnsystem für den Beirat einzurichten,
- Vertrauen zu festigen,
- schnelle Entscheidungen ohne großen Vorlauf zu ermöglichen.

Wichtig ist in diesem Zusammenhang: Das operative tägliche Geschäft und die damit verbundenen Entscheidungen sind und bleiben uneingeschränkt Sache der Geschäftsführung. Der Beirat hat sich hier in Zurückhaltung zu üben.

Des Weiteren obliegen – wenn dies nicht ohnehin in der Geschäftsordnung für den Beirat niedergeschrieben ist – dem Beiratsvorsitzenden in aller Regel auch folgende Aufgaben:

- Einberufung der Beiratssitzungen
- Sitzungsleitung
- Durchführung bzw. Kontrolle der Umsetzung von Beschlüssen des Beirats.

Last but not least gilt für den Beiratsvorsitzenden in ganz besonderem Maße, dass er ein sehr enges und exzellentes Vertrauensverhältnis zu den Gesellschaftern aufbauen und pflegen muss. Er ist an vorderster Stelle als Vorsitzender des Beirats Treuhänder der Gesellschafter. Insoweit ist es in der Praxis auch sehr häufig üblich, dass der Beiratsvorsitzende an den Gesellschafterversammlungen teilnimmt. Häufig wird ihm sogar per Gesellschaftsvertrag oder Gesellschafterbeschluss das Recht eingeräumt, Gesellschafterversammlungen einzuberufen.

Dem Beiratsvorsitzenden kommt häufig auch die nicht ganz einfache Aufgabe zu, darauf zu achten, dass Gesellschafter und Geschäftsführung

- mit und über den Beirat(svorsitzenden) arbeiten, d.h. den Beirat als Gremium ernst nehmen,
- sich an die Geschäftsordnung für die Geschäftsführung und den Beirat halten und
- das Beiratsgremium nicht umgehen.

14. Aufwand: Was kostet der Beirat?

Je mehr Vergnügen du an deiner Arbeit hast, desto besser wird sie bezahlt.
Mark Twain (1835–1910), amerikanischer Schriftsteller

Die Arbeit des Beirats kann für ein Unternehmen sehr segensreich sein. Unter Kosten- und Nutzen-Gesichtspunkten dürfte der Beirat daher meist eine gute Investition sein. Um die Kosten genauer unter die Lupe nehmen zu können, sollen hier die wichtigsten Aspekte dieses Themas beleuchtet werden. Es geht um drei große Kostenblöcke:

1. Die Vergütung der Beiratsmitglieder.

2. Kosten für die erstmalige Einrichtung eines Beirats. Hierzu zählen z.B. Kosten für

- die (Neu-)Gestaltung von Gesellschaftsvertrag, Geschäftsordnungen, Verträgen u.Ä.,
- die Suche und Auswahl der Beiratsmitglieder (sofern externe Dienstleister dafür in Anspruch genommen werden),
- notarielle Beurkundungen (soweit erforderlich).

3. Kosten für die laufende Beiratsarbeit. Hierunter fallen Kosten für
- die Erstellung und Verteilung der Informationen an die Beiräte (regelmäßige schriftliche Informationen, aber auch Aufbereitung von Unterlagen für die Beiratssitzungen),
- die Beiratssitzungen selbst,
- die (kalkulatorischen) Kosten von Nicht-Beiratsmitgliedern (insbesondere Gesellschaftern und Geschäftsführung), die ihre Zeit für Beratungen zur Verfügung stellen.

Sicher ist es für viele eine Ehre, in den Beirat eines renommierten Familienunternehmens berufen zu werden. Aber die Ehre allein wird meistens nicht als Motiv ausreichen. Eine pekuniäre Vergütung ist daher üblich. Deren Höhe kann das Unternehmen nach eigener Einschätzung frei festlegen, irgendwelche gesetzlichen Restriktionen gibt es nicht.

Die Höhe der Beiratsvergütung kann entweder im Gesellschaftsvertrag, durch Beschluss der Gesellschafterversammlung oder in einem individuellen Dienstvertrag geregelt/bestimmt werden. Von der Fixierung im Gesellschaftsvertrag ist, wie bereits erwähnt, abzuraten, denn dann ist bei jeder Anpassung der Beiratsvergütung eine Änderung des Gesellschaftsvertrags erforderlich. Die Regelung durch Beschluss der Gesellschafterversammlung ist üblich.

Die Vergütung kann fest oder variabel sein oder eine Mischung beider Formen enthalten.

Die feste Vergütung ist in der Regel für ein Geschäftsjahr bemessen. In manchen Fällen erhalten Beiräte auch zusätzlich noch ein so genanntes Sitzungsgeld, die Tendenz dazu ist aber abnehmend. Die variable Vergütung für den Beirat ist in deutschen Familienunternehmen nicht sehr stark verbreitet. Wenn, dann besteht sie häufig in einem prozentualen Anteil am Jahresgewinn. Bei unterjährigem Eintritt in das Beiratsgremium (oder Austritt) wird die Vergütung zeitanteilig gewährt.

Die Höhe der Vergütung hängt in aller Regel von folgenden Kriterien ab:

- Unternehmensgröße (z.B. gemessen am Jahresumsatz),
- geforderte Qualifikation des Beirats,
- Umfang und Komplexität der zugewiesenen Aufgaben (handelt es sich um einen „nur“ beratenden oder entscheidungskompetenten Beirat),
- wirtschaftliche Situation des Unternehmens/Ertragskraft,
- Anzahl der Sitzungen pro Jahr.

Dabei sollte beachtet werden, dass der Zeitbedarf nicht nur aus der reinen Anzahl der Sitzungen besteht. Zusätzlicher Zeitaufwand ergibt sich für die Beiratsmitglieder beispielsweise aus notwendigen Vor- und Nachbereitungen der Sitzungen, für Kontakte und Kommunikation mit der Geschäftsführung und/oder den Gesellschaftern zwischen den offiziellen Sitzungen, durch Mehraufwand bedingt durch zusätzlich gebildete Ausschüsse, Treffen mit den Gesellschaftern (Gesellschaftsversammlungen, besondere Anlässe).

Beiräten kommt es in aller Regel nicht primär auf die Vergütungshöhe an, denn ihr Einkommen resultiert meist aus ihrer operativen Tätigkeit oder ihrem Vermögen. Allerdings sollte man bei der Frage nach der Vergütung bedenken, dass ein Beiratsmitglied sich ja für das Unternehmen einbringen soll und dafür Zeit opfert wie auch Leistungen erbringt. Dieses sollte man auch wertschätzen.

In der Praxis führt dies dazu, dass einige Unternehmen ihre Beiräte nicht mit einem Jahressalär entlohnen, sondern pro Sitzung eine angemessene Vergütung zahlen. So muss der Unternehmer nicht als Bittsteller auftreten, wenn es wider Erwarten unterjährig doch zu mehr Sitzungen kommt. Und das Beiratsmitglied wird angemessen für seinen zusätzlichen Zeitaufwand entlohnt.

Im Übrigen: Eine angemessene, tendenziell großzügig bemessene Bezahlung fördert auch die Bindung an das Unternehmen und seine

Gesellschafter. „Wir zahlen unseren Beiräten eine Vergütung, die sich am Tagessatz eines Geschäftsführers unseres Unternehmens orientiert“, so Thomas Keidel von der Carl Mahr Holding GmbH in Göttingen.

Die Gesellschafter sollten sich daher bei der Festlegung der Beiratsvergütung immer die Bedeutung dieses Gremiums vor Augen halten. Es ist hilfreich, sich im Hinblick darauf Antwort auf die folgenden Fragen zu geben. Ermöglicht die Beiratsvergütung

- eine unabhängige Überwachung,
- eine erfolgsorientierte Strategiebegleitung,
- eine effiziente Arbeitsweise des Beirats,
- eine erfolgreiche Gewinnung kompetenter Persönlichkeiten,
- ein ausreichendes zeitliches Engagement der Beiratsmitglieder?

Daneben ist eine Entscheidung notwendig, ob die Vergütung neben fixen auch variable Bestandteile enthalten soll. Und entschließen sich die Gesellschafter dazu, variable Elemente einzubringen, so ist zu entscheiden, woran sich diese orientieren sollen.

Es gilt der Grundsatz: „Lieber mehr bezahlen, dafür aber auch mehr erwarten!“ Dies vor allem vor dem Hintergrund des schon erwähnten Trends, dass die Anforderungen an Beiräte immer mehr steigen. Nach der schon mehrfach zitierten aktuellen INTES-Untersuchung liegt die durchschnittliche Vergütung von Beiräten bei etwa 17.000 Euro p.a. – wobei eine weite Streuung der im Einzelnen ermittelten Vergütungsbeträge erkennbar ist. Die Streuung wird dabei im Wesentlichen von der Unternehmensgröße (d.h. dem Umsatz) bestimmt (siehe Chart 14).

Entsprechend den unterschiedlichen Aufgaben und Verantwortlichkeiten wird die Vergütung in der Regel gestaffelt. Der Beiratsvorsitzende und sein Stellvertreter sowie Ausschussmitglieder (sofern Ausschüsse gebildet sind) erhalten in der Regel mehr als die „normalen“ Beiratsmitglieder. Der Vorsitzende erhält im Durchschnitt etwa das 2,0- bis 2,5-Fache, der Stellvertreter und ebenso die Ausschussmitglieder erhalten das 1,5-Fache.

Abgesehen vom Beiratsvorsitzenden, seinem Stellvertreter oder Ausschussmitgliedern sollten alle Beiratsmitglieder die gleiche Vergü-

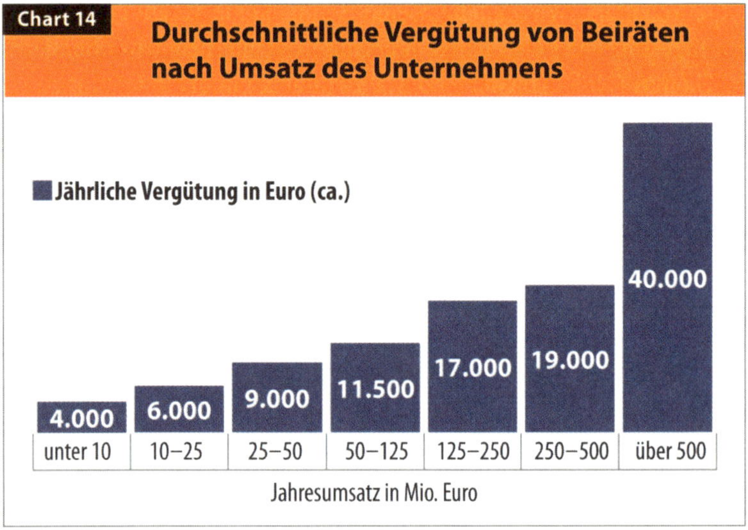

Quelle: INTES

tung erhalten. Dabei sollte auch nicht zwischen Familienexternen und -internen unterschieden werden.

Die Beiratsmitglieder haben unabhängig davon, ob sie entgeltlich oder unentgeltlich arbeiten, auch Anspruch auf Ersatz ihrer Auslagen (nach § 670 BGB). Selbstverständlich steht es Gesellschaftern und Beiratsmitgliedern frei, eine Vereinbarung abzuschließen, in der z.B. die Auslagen in der Beiratsvergütung umfasst sind.

Nicht allzu häufig, aber doch hin und wieder vorzufinden sind Beraterverträge zwischen einem Beiratsmitglied und dem Unternehmen selbst. Solche Verträge sind selbstverständlich zulässig (bei Aufsichtsräten von Aktiengesellschaften ist hier allerdings § 114 AktG zu beachten). Es erscheint in einem solchen Fall vor Abschluss des Beratervertrags aber dringend angeraten, dass sowohl die Gesellschafter als auch alle Beiratsmitglieder über das Vorhaben informiert werden. Auf jeden Fall sollten Interessenkonflikte ausgeschlossen sein.

Auf die steuerliche Behandlung der Beiratsvergütung für das Unternehmen bzw. beim Beiratsmitglied soll hier nicht eingegangen werden. Es wird auf die dazu umfangreich existierende Literatur verwiesen.

15. Ablaufplanung: Die praktische Arbeit des Beirats

Fragen sollte nur, wer die Antwort auch wirklich hören will.
*Erwin Koch (*1932), deutscher Aphoristiker*

Nachdem alle Vorbereitungen abgeschlossen sind und der Beirat „steht", kann jetzt die praktische Arbeit des Gremiums beginnen.

Was im Einzelnen zu diskutieren, zu analysieren und zu entscheiden ist, ergibt sich aus dem Aufgabenkatalog, der typischerweise folgende Agenda enthält:

- Überwachung der Geschäftsführung (Gegenstand sind alle Leitungs- und Verwaltungsmaßnahmen),
- Diskussionen zur strategischen Ausrichtung des Unternehmens,

- Beobachtung der Geschäftsentwicklung des Unternehmens (Ertragslage, Vermögenslage, Finanzlage),
- Diskussion und Planung von Maßnahmen bei Abweichungen von den Vorjahres- und/oder Planzahlen,
- Beurteilung der Ordnungs- und Zweckmäßigkeit der Entscheidungsprozesse,
- Beobachtung und Begleitung der Personalentwicklung,
- Einflussnahme/Entscheidung bei Personalien auf der Leitungs- und Führungsebene,
- Beurteilung von wesentlichen Investitionen.

Im Zweifelsfalle gilt dieser Filter: Der Beirat sollte sich nur mit wichtigen Fragen und Themen der Unternehmensführung und -kontrolle auseinandersetzen.

15.1 Die konstituierende Beiratssitzung

Bei seiner allerersten Zusammenkunft findet die Konstituierung des Beirats statt. Die Bestellung des Vorsitzenden richtet sich danach, was der Gesellschaftsvertrag, die Gesellschafterbeschlüsse oder eine Geschäftsordnung für den Beirat dazu vorsieht. Sehr häufig wird der Beiratsvorsitzende – aufgrund seiner hervorgehobenen Position, Bedeutung und Machtstellung – von den Gesellschaftern bestimmt.

Man findet in der Praxis aber auch die Regelung, dass der Beirat selbst aus seiner Mitte den Vorsitzenden wählt. In diesem Fall wird in der konstituierenden Sitzung das an Jahren älteste Mitglied die Wahl des Beiratsvorsitzenden einleiten. Sobald der Vorsitzende gewählt ist, übernimmt dieser die weitere Leitung der Sitzung.

Diese erste Sitzung des Beirats sollte auch dazu dienen, dass sich die Mitglieder des Gremiums kennen lernen und dass die Geschäftsführung sich selbst und das Unternehmen vorstellt. Dazu sollte den „neuen" Beiratsmitgliedern insbesondere

- der relevante Markt,
- das Wettbewerbsumfeld,

- die strategische Positionierung des Unternehmens,
- die Historie des Unternehmens und der Familie,
- die Entwicklung der letzten drei bis fünf Jahre sowie
- die letzte aktuell vorliegende Budgetplanung und laufende Geschäftsentwicklung präsentiert werden.

Weiterhin sollte den Beiratsmitgliedern bei dieser Gelegenheit das verfügbare Reporting vorgestellt werden. Auch dient es der Effizienz des Gremiums, wenn es zum Start seiner Tätigkeit seine Erwartungen an die Geschäftsführung formuliert. Die erste Sitzung sollte auch mit einem (kleinen) Rundgang durch die Firma verbunden sein.

15.2 Die Anzahl der Sitzungen im Jahr

Die Anzahl der jährlichen Sitzungen hängt in der Praxis sehr stark von der Kompetenz des Beirats ab. Bei rein beratenden Beiräten sind zwei bis drei Sitzungen üblich. Hat der Beirat Entscheidungskompetenz, sind eher vier bis fünf Sitzungen notwendig. Diese Tendenz bekräftigt auch Wilfried Mocken, Vorstandsvorsitzender bei Underberg und Beiratsvorsitzender im eigenen Unternehmen: „Vier Sitzungen sollten es mindestens sein, sonst hat das Ganze keinen Sinn."

In der Regel findet im Frühjahr die Sitzung zur Feststellung der Bilanz statt, vor der Sommerpause eine Sitzung zum Geschäftsverlauf (z.B. über das erste Halbjahr, sofern das Geschäftsjahr dem Kalenderjahr entspricht), im Herbst eine Strategiesitzung und kurz vor Ende des Jahres die Budgetplanungs-Sitzung für das nächste Geschäftsjahr.

Eine aktuelle INTES-Untersuchung zeigt, dass im Durchschnitt aller Unternehmen drei bis vier Sitzungen pro Jahr gängige Praxis sind (siehe Chart 15).

15.3 Einberufung und Vorbereitung der nächsten Sitzung

Die Einberufung bzw. Einladung zu einer Beiratssitzung spricht in aller Regel der Beiratsvorsitzende (oder die Geschäftsführung im

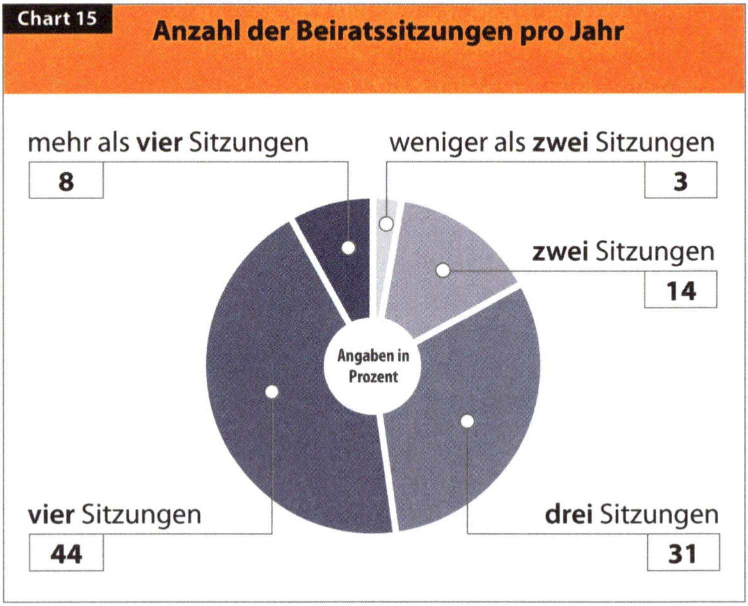

Quelle: INTES

Namen des Vorsitzenden) aus. Die organisatorischen Fragestellungen wie Einberufungsfristen, sonstige Erfordernisse an die Form der Einberufung, Sitzungshäufigkeit, Sitzungsort, Mindestanzahl von Teilnehmern zur Beschlussfähigkeit sollten in der Geschäftsordnung für den Beirat festgehalten sein.

Die Vorbereitung der einzelnen Tagesordnungspunkte obliegt in aller Regel der Geschäftsführung. Mit der Einladung sollte immer auch die Tagesordnung für die Sitzung verschickt werden. Zu jedem Tagesordnungspunkt ist der jeweils Verantwortliche/Vortragende zu nennen und der voraussichtliche Zeitbedarf. Über diese Angaben und die vorgesehenen Beschlussfassungen sollten sich die Geschäftsführung und der Vorsitzende des Beirats (bzw. der Sitzungsleiter) immer vorab verständigen.

Zu einer guten Sitzung und einer guten Vorbereitung gehört natürlich auch, dass zu den einzelnen Tagesordnungspunkten rechtzeitig aussagefähige schriftliche (!) Unterlagen an den Beirat verschickt werden.

Wer beraten, überwachen und mitgestalten soll, kann dies nur erfolgreich tun, wenn er die dafür notwendigen Informationen erhält. Wer auf der Gegenseite konstruktive und kompetente Empfehlungen und Entscheidungen von seinem Beirat erwartet, muss diesem auch die Chance geben, sich darauf bestmöglich vorzubereiten.

Eine verantwortliche Diskussion und Entscheidung setzt „Sachkenntnisse, vor allem aber Sachverhaltskenntnisse voraus", hat dazu Roderich C. Thümmel mit Recht festgestellt[6]. Ein Beirat, der nicht oder nur schlecht informiert ist, wird sich bestenfalls „nur" als nutzlos erweisen, schlimmstenfalls aber als großes Risiko für das Unternehmen.

Zu einer ordnungsgemäßen Informationspraxis gehört auch, dass der Beirat die (leider weit verbreiteten) so genannten „Tischvorlagen" abschaffen bzw. gar nicht erst zulassen sollte. Diese meist kurz vor oder gar erst während der Sitzung verteilten Dokumente zu gravierenden Themen wie Unternehmenspolitik oder -strategie kann in aller Regel niemand kurzfristig beurteilen und schon gar nicht daraus – mit der gebotenen Verantwortlichkeit – Handlungsanweisungen oder Beschlüsse ableiten.

Im Sinne ordnungsgemäßer und rechtzeitiger Information sollten sämtliche Unterlagen spätestens eine Woche vor der Sitzung den Sitzungsteilnehmern vorliegen. Ist diese Wochenfrist ausnahmsweise einmal nicht einzuhalten, so sollte wenigstens ein Wochenende zwischen Eingang der Unterlagen und der Sitzung liegen. Denn die meisten Beiräte stehen noch im aktiven Berufsleben; da bleibt oft nur am Wochenende Zeit, sich in die Dokumente zu vertiefen. „Ich verschicke die Unterlagen spätestens zwei Wochen vor der Sitzung, damit ausreichend Zeit zur Vorbereitung bleibt", sagt Stephan Schwarz von GRG Services Berlin – und markiert damit eine nachahmenswerte Benchmark.

---

[6] Thümmel, Roderich C.: „Aktuelle Herausforderungen an die Aufsichtsratspraxis", S. 82

Zur sachgerechten Information gehört außerdem, dass die Unterlagen hinreichend aussagefähig sind. Es genügt daher nicht, dem Beirat ein paar spröde Zahlen zu übermitteln. Damit sich das Kollegium ein umfassendes Bild machen kann, sollten die wichtigsten Zahlen kommentiert werden. Dazu ist es hilfreich, wenn auch Vergleichsreihen mitgeliefert werden (um Entwicklungen beurteilen zu können). Zu einer „Ist"-Zahl gehört außerdem immer eine „Plan"-Zahl und die Vorjahres-Zahl. Auch Zahlen zum Vergleich mit den maßgeblichen Wettbewerbern sind „state of the art". Soweit vorhanden, sollten alle Zahlenreihen in ihrer monatlichen, vierteljährlichen und halbjährlichen Entwicklung dargestellt werden.

Weiterhin brauchen die Beiräte zur Erfüllung ihrer Aufgabe einen Überblick über wesentliche Erfolgskennziffern („Key Performance Indicators") einschließlich Gewinn- und Verlustrechnung, Bilanz und Cash-Bericht. Zudem sind in dieses Informationspaket auch aktuelle Daten zu den Bereichen Produktentwicklung, Marketing, Vertrieb und Produktion einzubringen. Schließlich wollen die Beiräte auch aktuell über den Bereich Forschung und Entwicklung informiert werden. Ein weiteres Stichwort sind besondere Vorkommnisse.

15.4 Ablauf und Leitung der Sitzung

Teilnahmeberechtigt an Beiratssitzungen sind natürlich zunächst die Beiratsmitglieder selbst. Selbstverständlich kann der Beirat zu den Sitzungen und einzelnen Tagesordnungspunkten aber auch Dritte einladen und hinzuziehen. In aller Regel wird die Geschäftsführung anwesend sein. Allgemein üblich und auch empfehlenswert ist des Weiteren die Teilnahme des Wirtschaftsprüfers bzw. Jahresabschlussprüfers bei jener Sitzung, die der Feststellung des Jahresabschlusses dient.

Der Beirat kann selbstverständlich bei bestimmten Tagesordnungspunkten ohne die Geschäftsführung tagen – dies gilt natürlich insbesondere, wenn es um die Berufung oder Abberufung von Mitgliedern der Geschäftsführung geht. Die Leitung obliegt dem Vorsitzenden des Beirats (bei Verhinderung dem Stellvertreter).

Der Vorsitzende eröffnet die Sitzung mit der Feststellung, dass ordnungsgemäß und fristgerecht eingeladen wurde. Der Vorsitzende wird nun fragen, ob es Wünsche, Anmerkungen, Ergänzungen zur Tagesordnung gibt. Wenn dies abgehakt ist, kann der Vorsitzende die einzelnen Tagesordnungspunkte aufrufen. Der jeweils Verantwortliche trägt dazu vor, der Beirat diskutiert die Ausführungen unter sich und mit der Geschäftsführung. Der Punkt wird abgeschlossen durch einen Vermerk für das Protokoll – entweder schlicht mit „Aussprache beendet", oder der Beirat gibt eine klare Handlungsempfehlung, die festzuhalten ist, oder er fasst einen formellen Beschluss mit Abstimmung (das Abstimmungsergebnis sollte dann ebenfalls protokolliert werden). Bei allen Empfehlungen und Beschlüssen sollte das Protokoll auch aufführen, wer jeweils verantwortlich und welcher Erledigungstermin vereinbart ist.

Auf die juristischen Fragestellungen der Beschlussfassung des Beirats, d.h. der Beschlussfähigkeit des Gremiums, der Stimmrechte und der Verfahren sowie der Frage, welche Mehrheitserfordernisse notwendig sind o.Ä., soll an dieser Stelle nicht weiter eingegangen werden. Hilfsweise wird an die zu diesem Themenbereich umfangreich vorhandene juristische Literatur verwiesen.

Bei Veranstaltungen der INTES zum Themenkreis Beirat wird häufig die Frage gestellt, wie lange eigentlich eine Beiratssitzung dauern sollte. Hier findet man in der Praxis ein sehr weites Spektrum, von kurzen zweistündigen Meetings bis hin zu Halbtags- oder Ganztagsveranstaltungen. Im Durchschnitt dauern Beiratssitzungen ca. drei bis vier Stunden. Ausnahmen bilden sicherlich Beiratstreffen, bei denen es um die strategische Ausrichtung des Unternehmens geht. Solche Sitzungen dürfen durchaus auch einen ganzen Tag dauern, um ausreichend Zeit und Raum für intensives Brainstorming, Gedankenaustausch und Diskussion zu haben.

15.5 Nachbereitung der Sitzung

Zum Stichwort Protokoll ist noch anzumerken, dass dies nicht gesetzlich vorgeschrieben ist. Dennoch ist dringend angeraten, den Verlauf der Sitzung und die Entscheidungen schriftlich festzuhalten. Dem Vorsitzenden obliegt es, am Beginn der Sitzung den Protokollführer zu bestimmen (häufig übernimmt dies ein Mitglied der Geschäftsführung oder ein Justitiar/Rechtsanwalt des Unternehmens). Es sollte darauf geachtet werden, dass das Protokoll von jemandem erstellt wird, der das Vertrauen des Beiratsgremiums besitzt. Nur dann werden die Beiratsmitglieder ihre Gespräche und Diskussionen offen und frei führen können – ohne befürchten zu müssen, dass Einzelheiten im Unternehmen bekannt werden. Insoweit ist der Protokollführer mit sehr viel Bedacht und Sorgfalt zu bestimmen.

Auf keinen Fall sollte der Beiratsvorsitzende die Protokollführung besorgen, sondern sich auf die Leitung der Sitzung und die Teilnehmer konzentrieren. Doch auch wenn er das Protokoll nicht selbst verfasst: Für dessen Richtigkeit ist nicht der Protokollant, sondern immer der Versammlungsleiter verantwortlich!

Das Protokoll sollte den Sitzungsteilnehmern möglichst zeitnah nach der Sitzung vorliegen, d.h. innerhalb von zehn Tagen bis zwei Wochen, damit die wesentlichen Diskussionsinhalte, Beschlüsse, Maßnahmen etc. noch bei allen präsent sind. In der nächsten Beiratssitzung wird das Protokoll dann – eventuell nach Änderungen – von allen Mitgliedern genehmigt. Anschließend unterschreibt der Beiratsvorsitzende bzw. der Sitzungsleiter. Damit wird das Protokoll rechtswirksam.

Übrigens: Auch telefonische oder im Umlaufverfahren gefasste Beschlüsse sollten in Papierform festgehalten und unterzeichnet werden.

15.6 Checklisten: Vorbereitung und Leitung einer Beiratssitzung

Zum Abschluss dieses Kapitels hier zwei Checklisten mit den wichtigsten Punkten für die Vorbereitung und Leitung einer Beiratssitzung. Angesprochen ist hier in erster Linie der Vorsitzende.

Weitere Mustertexte zu den Themen dieses Kapitels finden Sie im Anhang.

Checkliste: Vorbereitung einer Beiratssitzung

Der Vorsitzende des Beirats kann fast die gesamte Vorbereitung der Sitzung an die Geschäftsführung delegieren. Aber: Die Entscheidungsbefugnis und damit die Verantwortung bleibt bei ihm.

Einladung

1. Nur der Beiratsvorsitzende ist befugt, zur Sitzung einzuladen. Er kann die Geschäftsführung beauftragen, in seinem Namen einzuladen.
2. Eine angemessene Zeit vor der Sitzung geht eine förmliche Einladung mit einer Tagesordnung an die Beiratsmitglieder.

Tagesordnung

3. Der Entwurf einer Tagesordnung liegt der Einladung bei. Der Beirat ist frei zu entscheiden, ob ein Entwurf geändert wird und andere Punkte behandelt werden.
4. Achten Sie darauf, dass die Tagesordnung nicht mit Punkten überfrachtet wird, die eventuell allein Angelegenheit der Geschäftsführung sind.
5. Punkt eins der Tagesordnung ist in der Regel die Verabschiedung des Protokolls der vorangegangenen Sitzung.
6. Dann sollten für das Protokoll die Umlaufbeschlüsse erwähnt werden, die in der Zwischenzeit getroffen wurden.
7. Nun sollten die wichtigsten Punkte genannt werden, über die in der Sitzung ein Beschluss ergehen muss.
8. Weniger Dringliches kann anschließend folgen.
9. Berücksichtigen Sie, wenn Sie die Tagesordnung erarbeiten, die zur Verfügung stehende Zeit: Die Sitzung sollte in der Regel maximal drei bis vier Stunden dauern.
10. Zur Tagesordnung gehörende schriftliche Unterlagen wie Jahresplanungen, Gewinn- und Verlustrechnungen oder Investitionsrechnungen sollten rechtzeitig mit der Einladung verschickt werden.

Checkliste: Leitung einer Beiratssitzung

Eröffnung

1. Wurde ordnungsgemäß eingeladen?
2. Liegen alle notwendigen Unterlagen vor?
3. Wer führt das Protokoll?
4. Gibt es Änderungswünsche zur Tagesordnung?
5. Sollten weitere Tagesordnungspunkte aufgenommen werden?
6. Stimmen Sie über die Tagesordnung ab.

Beschlussfassung

7. Gibt es keine weiteren Wortmeldungen zum Tagesordnungspunkt?
8. Muss kein Beschluss gefasst werden? Dann teilen Sie mit, dass der Beirat Kenntnis genommen hat.
9. Muss ein Beschluss gefasst werden?
10. Ist eine förmliche Abstimmung erforderlich? Dann wiederholen Sie den zur Abstimmung stehenden Antrag und lassen Sie per Handzeichen abstimmen.
11. Nennen Sie den gefassten Beschluss nochmals.
12. Teilen Sie mit, ob der Antrag beschlossen wurde und nennen Sie ggf. für das Protokoll die Anzahl der Ja- bzw. Nein-Stimmen und der Enthaltungen.

Beendigung der Sitzung

13. Wann findet die nächste Sitzung statt?
14. Welche Themen müssen besprochen werden?

16. Kontrolle muss sein: Effizienzprüfung der Beiratsarbeit

Vertrauen und Kameradschaft werden ganz selbstverständlich entstehen, wenn Disziplin und hohe Maßstäbe durchgesetzt werden.
Tao Zhu Gong, Berater des Königs von Yue (um 500 v. Chr.)

Zur unerlässlichen Aufgabe guten Managements gehört das Controlling. Und so wie dieses „Werkzeug“ im operativen Geschäft eines jeden erfolgreich geführten Unternehmens ganz selbstverständlich angewendet wird, so sollte es auch für die Tätigkeit von Beiräten zum Einsatz gelangen.

Zwar praktizieren viele Firmen die Formel „Eine Kontrolle der Kontrolleure findet nicht statt“. Doch wenn man vermeiden will, dass ein

Unternehmen aufgrund mangelnder Akribie von Kontrollgremien im Markt mit Umsatz- und Ergebnisrückgängen zu kämpfen hat, dann sollte man diese Gremien regelmäßig auf den Prüfstand stellen.

16.1 Die Agenda

Um diese Überprüfung sinnvoll zu gestalten, ist eine Agenda festzulegen, die folgende Punkte umfasst:

- Wie wird die Überprüfung durchgeführt?
- Was wird überprüft?
- Woran werden Soll und Ist – also der erreichte Effizienzgrad – festgemacht?
- Wie oft findet die Überprüfung statt?
- Wann findet sie statt?
- Wer nimmt die Überprüfung vor?
- Welche Konsequenzen werden aus der Überprüfung gezogen?

Hier eröffnet sich für die Beiräte ein großer Ermessensspielraum. Sie können die Kontrollgrundsätze und deren Details so gestalten, wie es zu ihrer individuellen Situation am besten passt. Das ist einerseits ein Vorteil. Andererseits kann die Kontrolle nur dann wirkungsvoll sein, wenn dieser Spielraum auch ausgeschöpft wird – alles, was zu regeln ist, muss auch geregelt sein. Denn Regelungslücken können großes Unsicherheits- und Konfliktpotenzial in sich bergen.

Der Corporate Governance Kodex wendet sich zum Thema Effizienzprüfung direkt an den Aufsichtsrat als Adressaten. Man spricht deshalb auch von der so genannten Selbstevaluation des Aufsichtsrats. Das bedeutet zunächst, dass die Einsicht in die Notwendigkeit und der Anstoß zur eigenen Effizienzkontrolle vom Aufsichtsgremium selbst kommen soll.

Der Governance Kodex für Familienunternehmen (Wortlaut siehe Anhang) hält dagegen offen, wer den Anstoß zur Effizienzüberprüfung der Beiratsarbeit geben sollte. Und das aus gutem Grund. Der Beirat wird als Gremium von den Gesellschaftern eines Familienunternehmens eingerichtet, und auch die Entscheidung über die personelle

Besetzung erfolgt durch die Inhaber selbst. Einrichtung wie Besetzung sind in aller Regel mit einer klaren Erwartungshaltung der Gesellschafter an den Beirat verbunden. Insoweit kann und sollte der Anstoß zu einer regelmäßigen Überprüfung der Beiratsarbeit nicht nur vom Beiratsgremium selbst ausgehen, sondern auch und gerade von den Gesellschaftern selbst eingefordert werden.

Der Beirat sollte in Abstimmung mit den Gesellschaftern dann die oben erwähnten Ausführungsbestimmungen formulieren und folgende Punkte definieren:

- die Inhalte der Überprüfung,
- das Verfahren der Überprüfung und
- die Konsequenzen der Überprüfung.

Die einzelnen Modalitäten sollte der Beirat idealerweise in Abstimmung mit den Gesellschaftern festlegen.

INTES hat die aktuelle Praxis der Beiratsarbeit in deutschen Familienunternehmen analysiert. Ein Kernergebnis: 38 Prozent der Beiräte in deutschen Familienunternehmen praktizieren derzeit eine Effizienz-

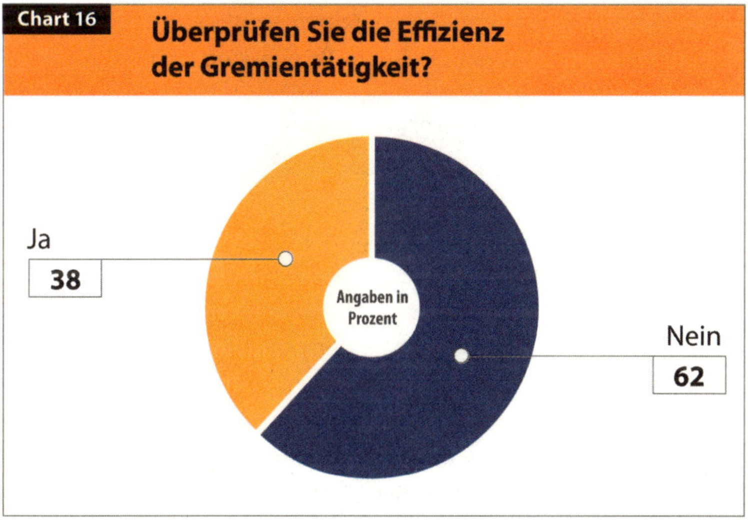

Quelle: INTES

kontrolle. Entsprechend verzichten 62 Prozent auf dieses Instrument (siehe Chart 16). Es besteht also noch erheblicher Handlungsbedarf.

Bei der praktischen Durchführung der Effizienzkontrolle kann der Beirat auf die Unterstützung externer Berater zurückgreifen (siehe Chart 17). Diese sollten aber ausschließlich eine Funktion als Zuarbeiter des Beirats erhalten. Diese Zuarbeit kann sich auf das Führen der Interviews, die Auswertung und Besprechung der Ergebnisse der Effizienzprüfung und die Erarbeitung von Maßnahmen erstrecken. Die Entscheidungskompetenz bezüglich der daraus abzuleitenden Maßnahmen und Handlungen muss aber für den Beirat selbst reserviert bleiben.

Chart 17 **Wie überprüfen Sie die Effizienz der Gremientätigkeit?**

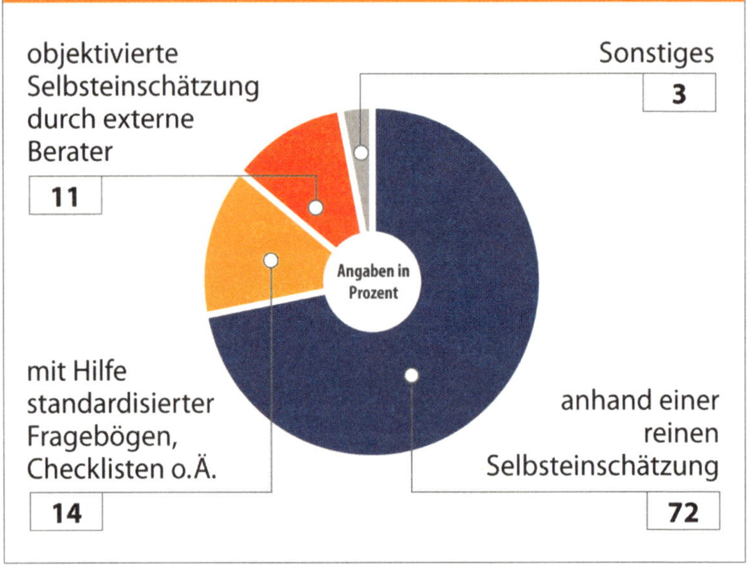

Quelle: INTES

Der Beirat muss auch darüber befinden, welche Methoden er bei der Selbstevaluation anwenden möchte. Hier bieten sich verschiedene Alternativen an:

1. Die Aussprache in einer intensiven Diskussion. Das kann im Beirat selbst geschehen oder z.B. auch im gemeinsamen Gespräch zwischen Beirat und Gesellschaftern.

2. Mit standardisierten Fragebögen oder Checklisten können Beiratsmitglieder ihre eigene Arbeit und die ihrer Kollegen analysieren und bewerten. Auch Scoringsysteme gehören zu dieser Instrumentengruppe.

3. Durch Hinzuziehen eines externen Beraters kann die reine Selbsteinschätzung gemäß den Ziffern 1 und 2 in gewissem Umfang objektiviert werden. Dieses Modell führt erfahrungsgemäß eindeutig zu besseren Ergebnissen und verdient daher den Vorzug.

16.2 Mögliche Effizienzhindernisse

An dieser Stelle lohnt ein kleiner Exkurs zu der Frage, warum die Arbeit von Beiräten überhaupt in ihrer Effizienz beeinträchtigt werden kann. Denn bei sorgfältiger Auswahl der Persönlichkeiten sollte normalerweise einer perfekten Ausübung der Beiratstätigkeit nichts im Wege stehen. Bei genauem Hinsehen jedoch zeigen sich zahlreiche mögliche Effizienzhindernisse, die dem Erreichen des Optimums im Weg stehen. Das geht über fehlende Qualifikation und fehlende Motivation über Zeitmangel und Strukturmängel bis hin zu Defiziten im Informationsfluss (siehe Chart 18).

An diese möglichen Effizienzhindernisse knüpft dann die inhaltliche Gestaltung der Effizienzprüfung an. Hier sind zwei große Bereiche abzuarbeiten: die strukturellen und die verhaltensorientierten Prüfpunkte. Bei den strukturorientierten Kriterien werden beispielsweise Fakten über die Zusammensetzung des Beirats sowie die Tagungshäufigkeit und Tagungszeit zusammengetragen und bewertet. Auch die aus dem Plenum heraus formierten Ausschüsse werden einbezogen. Ebenso die Vorlaufzeiten, mit denen der Beirat Informationen erhält – laufende Informationen über die Entwicklung einzelner Kenngrößen des Unternehmens wie auch Zahlen und Fakten zur Vorbereitung anstehender Beiratssitzungen.

Chart 18

Mögliche Effizienzhindernisse für die Arbeit des Beirats

Im verhaltensorientierten Teil des Prüfkatalogs geht es um die eher qualitativen Aspekte wie die Diskussions- und Streitkultur innerhalb des Gremiums und in der Beziehung zur Unternehmensleitung. Gegenseitiges Vertrauen, offener Informationsaustausch, Selbstverständnis des Beirats, Sorgfaltspflichten, Interaktion und Kollegialität des Gremiums seien hier angesprochen.

Nun kann man aus Gründen der Praktikabilität möglicherweise nicht bei jeder Effizienzprüfung den gesamten Katalog der zu evaluierenden Kriterien durcharbeiten. Es gibt aber einen Kernbereich der Effizienzprüfung, der unverzichtbar ist, wenn der ganze Prozess einen Sinn haben soll. Dazu gehören die folgenden Punkte:

- Organisation des Beirats und der ggf. gebildeten Ausschüsse sowie des Sitzungsablaufs,
- Langzeitüberprüfung von Entscheidungen des Beirats,
- Informationsfluss zwischen Gesellschaftern und Beirat,
- Informationsfluss zwischen Beirat und Unternehmensleitung,
- personelle Voraussetzungen und Auswahlprozesse von Beirat und Unternehmensleitung (Personalkompetenz),
- Selbstverständnis der Beiratsmitglieder,
- Kontroll- und Überwachungsfunktion des Beirats.

Auf jeden Fall sollten auch bei dieser Mindestversion der Effizienzprüfung die Prinzipien einer ökonomischen Vorgehensweise beachtet werden: Die spezifische Situation des Unternehmens steht im Fokus; jeder überdimensionierte Prüfungsaufwand ist fehl am Platz und schadet eher. Als Motto sollten die Beteiligten wählen: So viel Vertrauen wie möglich, so viel Kontrolle wie nötig.

Die Aufgaben und Kompetenzen eines Beiratsgremiums, die Arbeit des Beirats selbst und seine personelle Besetzung müssen kontinuierlich mit dem Unternehmensumfeld, den Rahmenbedingungen und marktseitigen Herausforderungen Schritt halten und ggf. an diese angepasst werden. Nur dann kann ein Beirat letztlich den Nutzen und Erfolg entfalten, den die Unternehmer und Gesellschafter auch zu Recht erwarten.

16.3 Checkliste: Merkmale starker und effektiver Beiräte

Zum Abschluss der bisherigen Ausführungen finden Sie hier eine Checkliste, die in kurzer Form die wichtigsten Prüfkriterien noch einmal zusammenfasst. Klar, es kann kein allgemeingültiges Patentrezept geben, denn die individuellen Anforderungen sind genauso zahlreich wie die Gestaltungsmöglichkeiten. Dennoch gibt es Faktoren, die für die meisten Unternehmen relevant sind. Hier die Zehn-Punkte-Liste:

Zehn Merkmale starker und effektiver Beiräte

1. Der Beirat formuliert anspruchsvolle Vorgaben auf der Grundlage der Wettbewerbs-, Ertrags- und Wertziele der Eigentümer
2. Er führt eine fundierte Strategie-, Planungs- und Ergebnisdiskussion mit der Geschäftsführung
3. Er überwacht und kontrolliert die maßgebliche Investitions- und Personalplanung
4. Er analysiert und diskutiert den Jahresabschluss und den regelmäßigen Geschäftsverlauf
5. Er hinterfragt die Ertrags-, Vermögens- und Finanzlage des Unternehmens
6. Er setzt sich zeitnah mit kritischen Entwicklungen auseinander, ohne sich Konsensdruck zu beugen
7. Er befasst sich frühzeitig mit der Führungsnachfolge und begleitet sie
8. Er trifft Entscheidungen auf der Grundlage der Familienwerte
9. Er pflegt ein vertrauensvolles Verhältnis zur Geschäftsführung und den Gesellschaftern und sorgt für zeitnahe und umfassende Kommunikation
10. Er ist stets erreichbar und gut vorbereitet

17. Versicherungsfall: Haftung der Beiratsmitglieder

Ich glaube, dass gerade die persönliche Haftung den Verstand aller Partner sehr schärft, denn es macht einen Unterschied, ob sie mit ihrem gesamten Vermögen haften, oder nur ihren Job verlieren, wenn die Geschäfte sich nicht gut entwickeln.
*Baron Eric de Rothschild (*1940), französischer Bankier*

Die Frage der Haftung von Beiratsmitgliedern ist ein rechtlich umstrittenes Themengebiet. Für Aufsichtsräte von Aktiengesellschaften ist dies vergleichsweise eindeutig geregelt. Sie werden „die Sorgfalt eines ordentlichen und gewissenhaften Geschäftsleiters anzuwenden haben" (§ 93 AktG). Das heißt, wenn ein Aufsichtsratsmitglied bei seinen Entscheidungen nicht die gesetzlich gebotene Sorgfalt walten lässt, begeht es eine Pflichtverletzung und macht sich im Prinzip schadensersatzpflichtig gegenüber der Gesellschaft. Gleiche Regelung wird auch in einem Pflichtaufsichtsrat einer GmbH gelten. Bei freiwilligen Beiräten in Familienunternehmen muss jedoch hinsichtlich der gebotenen Sorgfalt eine Differenzierung bezogen auf Funktion und Aufgabe des Beirats vorgenommen werden. Das bedeutet: Je mehr Kompetenz und Entscheidungshoheit einem Beirat zugewiesen wird, umso höher die Anforderung an die Sorgfalt – und damit erhöht sich auch das Haftungsrisiko.

Nun besteht hinsichtlich der faktischen persönlichen Haftung ein entscheidender Unterschied zwischen Aktiengesellschaften und anderen Rechtsformen. Unternehmen, die keine Aktiengesellschaft sind, können im Gegensatz zur Aktiengesellschaft die Beiräte in ihrem Gesellschaftsvertrag von persönlicher Haftung freistellen, d.h. die Haftung geht auf das Unternehmen über. Dies gilt allerdings nicht für Fälle von grober Fahrlässigkeit oder Vorsatz.

In der Praxis findet man in sehr vielen Fällen diese Art der Haftungsbeschränkung. Möglich ist auch eine betragsbezogene Begrenzung der Haftung. Es bietet sich z.B. eine Begrenzung in Höhe von einer bis zwei Jahresvergütungen des Beirats an.

Solche Begrenzungen der Haftung machen auch deshalb Sinn, weil Beiräte in der Regel das Amt „nur“ als Nebentätigkeit ausüben und Anzahl und Dauer der Sitzungen eher begrenzt sind. Zudem vermeidet man das Risiko, dass die Gefahren einer Haftung potenzielle exzellente Beiratsmitglieder davon abschrecken, ein Mandat zu übernehmen.

Ein weiterer Ausweg ist die so genannte Directors and Officers Liability Insurance (D&O-Versicherung). Sie deckt solche Schadenersatzansprüche ab. Eine D&O-Versicherung können entweder das Unternehmen für die Beiräte oder die Beiräte selbst abschließen. Im letzteren Fall trägt in aller Regel die Gesellschaft die Kosten dafür. Häufig ist allerdings ein Selbstbehalt vereinbart.

Es empfiehlt sich allemal, die Angebote gut zu prüfen und die in der Regel nicht geringen Kosten für eine solche Versicherung gegenüber einem möglichen Nutzen abzuwägen. Wichtig ist auch zu wissen, dass

D&O-Versicherung auf einen Blick	
Wer ist Versicherungsnehmerin?	▶ Das Unternehmen.
Wer ist versichert?	▶ Versichert sind alle Manager eines Unternehmens: Aufsichtsräte/Beiräte, GmbH-Geschäftsführer und Vorstände.
Was wird abgedeckt?	▶ Abgedeckt ist ein Vermögensschaden, der schuldhaft verursacht wurde.
Was leistet eine D&O-Versicherung?	▶ Sie wehrt unberechtigte Ansprüche ab, befriedigt berechtigte und übernimmt die Kosten der Verteidigung.
Wie hoch ist die Versicherungssumme?	▶ Sie ist abhängig u.a. von der Bilanzsumme und dem Umsatz eines Unternehmens.

D&O-Versicherungen bestimmte Schadensfälle und die Haftung für bestimmte Handlungen von vornherein ausschließen.

Realistisch betrachtet ist in der Praxis wohl kaum damit zu rechnen, dass ein Beiratsmitglied für eine Entscheidung oder Handlung mit einer Schadenersatzforderung des Unternehmens oder der Gesellschafter konfrontiert wird. Denn in der Regel ist die Eigentümerfamilie durch mindestens ein Mitglied im Beirat präsent und kann bei drohenden Fehlentscheidungen des Beiratsgremiums rechtzeitig eingreifen. Meine Empfehlung geht daher dahin, auf den Abschluss einer D&O-Versicherung zu verzichten. Die Wahrscheinlichkeit, dass ein Beiratsmitglied oder der gesamte Beirat eine solche Versicherung in Anspruch nehmen muss, ist sehr gering. Sinnvoller ist es, die Haftung der Beiratsmitglieder durch individuelle Absprache zu begrenzen. Zumal eine Haftung ja ohnehin nur bei Vorsatz oder grober Fahrlässigkeit in Betracht kommt.

18. Irren ist menschlich: Vorbehalte von Familienunternehmen gegen ein Beiratsgremium

Eine als Irrtum erkannte Meinung ohne falsche Scham aufzugeben, das ist vielleicht die wunderbarste Kraftersparnis, die unserem Geist gegönnt ist, und zugleich die, von der wir am seltensten Gebrauch machen.
Arthur Schnitzler (1862–1931),
österreichischer Dramatiker und Erzähler

Bei allen Vorteilen eines Beirats, die in den vorangegangenen Kapiteln thematisiert wurden, mag es überraschen, dass dennoch manches Familienunternehmen der Einrichtung eines solchen Beratergremiums kritisch oder sogar ablehnend gegenübersteht.

Man könnte dies abtun unter dem Motto „Irren ist menschlich“. Dennoch sollen hier der Vollständigkeit halber die Argumente rekapituliert werden, die Gesellschafter solcher Unternehmen vorbringen. Dies sind die üblicherweise geäußerten Vorbehalte:

- Zusätzliche Kosten,
- zusätzlicher Zeitaufwand, Zeitverschwendung,
- abnehmende Flexibilität,
- aufwändigere und langsamere Entscheidungen,
- Verlust von unternehmerischem Einfluss, Angst vor Machtverlust,
- großes Bedürfnis nach Vertraulichkeit/Gefahr mangelnder Geheimhaltung.

Ich möchte an dieser Stelle in der gebotenen Kürze auf diese Argumente eingehen. Und ich hoffe, dass es mir gelingt, die Vorbehalte weitestgehend zu zerstreuen.

- Zusätzliche Kosten: Kein Zweifel, sie sind ein Faktum. Ein Beirat verursacht zusätzliche Kosten – sofern die Beiratsmitglieder nicht auf eine Vergütung und den Ersatz ihrer Reisespesen verzichten. Jedoch muss man diese Kosten selbstverständlich dem Nutzen eines Beirats gegenüberstellen. Und dann wird klar: Sofern der Beirat nach den in diesem Buch genannten Kriterien aufgestellt ist, wird sein Nutzen die Kosten um ein Vielfaches übersteigen.

- Zusätzlicher Zeitaufwand/Zeitverschwendung: Auch der zusätzliche Zeitaufwand ist nicht wegzudiskutieren, da Vorbereitung und Durchführung der Beiratssitzungen natürlich Zeit beanspruchen. Indes: Ob sich dies als Zeitverschwendung abqualifizieren lässt, darf bezweifelt werden. Wurde der Beirat „nach allen Regeln der Kunst“ aufgestellt, ist der Zeitaufwand in jedem Fall angemessen und bringt dem Unternehmen nur Vorteile.

- Abnehmende Flexibilität: Dieser Vorbehalt hängt eng mit der Angst vor zusätzlichem Bürokratieaufwand zusammen. Ein guter

Beirat wird jedoch lediglich ein Berichtswesen erwarten, das in einem professionell aufgestellten Unternehmen ohnehin vorhanden ist. Sofern wesentliche Daten wie Umsatzentwicklung, Ergebnisentwicklung oder Liquiditätsstatus im Unternehmen nicht auf Anhieb vorhanden sind, hat die Geschäftsführung ein schwerwiegendes Problem, das allerdings nicht der Institution Beirat anzulasten ist.

- Aufwändigere und langsamere Entscheidungen: Dies ist unzutreffend. In vielen Fällen werden mit der Einrichtung des Beirats Entscheidungskompetenzen lediglich verlagert – etwa von der Gesellschafterseite zum Beirat. Damit ist zwar ein zusätzliches Gremium geschaffen, die eigentliche Entscheidung wird jedoch nur an einem anderen Ort getroffen. Hat das Unternehmen eine große Zahl von Gesellschaftern, wird dadurch sogar ein positiver Effekt erzielt: Entscheidungen lassen sich jetzt schneller und einfacher – und im Zweifel auch mit höherer Kompetenz – herbeiführen.

- Verlust von unternehmerischem Einfluss, Angst vor Machtverlust: Diese Vorbehalte entspringen eher dem Persönlichkeitsbereich. Ein starker Unternehmer wird einen Beirat vornehmlich als Sparringspartner und Ideengeber ansehen, der als konstruktiv-kritischer Begleiter die eigenen Überlegungen kommentiert und wichtige Fragen sogar (mit-)entscheidet. Möchte der Unternehmer partout die „Zügel weiter in der Hand halten", kann er die Variante eines rein beratenden Beirats wählen.

- Bedürfnis nach Vertraulichkeit/Gefahr mangelnder Geheimhaltung: ein nicht unberechtigter Vorbehalt. Je mehr Personen Zugang zu vertraulichen Daten haben, desto höher ist zwangsläufig die Gefahr einer „undichten" Stelle. Diese Gefahr lässt sich indes minimieren, wenn das Unternehmen bei der Auswahl der Beiratsmitglieder mit der gebotenen Sorgfalt vorgeht und insbesondere den Prüfpunkt „Integrität" hoch gewichtet.

Gewisse Vorbehalte gegenüber einem Beirat bestehen überraschenderweise sogar bei amtierenden Beiräten. Jan Rüggeberg von der August Rüggeberg GmbH & Co. KG etwa macht keinen Hehl aus seiner Skepsis gegenüber Beiräten, falls die genannten Voraussetzungen bezüglich der Besetzung nicht gegeben sind – auch wenn er selbst als Beirat bei verschiedenen Unternehmen engagiert ist. „Ein Beirat macht Arbeit, denken Sie nur an die vielen Berichte für dieses Gremium, die ich als Geschäftsführer verfassen musste. Aber insgesamt sind die Erfahrungen sehr positiv, vor allem auch im Hinblick auf die so genannte Family Governance." Andererseits: Mariel Kleeschulte ist froh über die Disziplinierung, die der Beirat ihr abverlangt: „Ich muss strategische Entscheidungen gut vorbereiten. Der Beirat will das Pro und Contra ausführlich abwägen. Schnellschüsse aus dem Bauch heraus gibt es da nicht mehr", sagt die westfälische Familienunternehmerin.

So mag es zwar den einen oder anderen – durchaus berechtigten – skeptischen Einwand geben. Aber ebenso klar kann ich aufgrund meiner langjährigen Erfahrungen als Beirat und mit Beiräten festhalten: Ein auf die spezifischen Belange eines Unternehmens und seiner Eigentümer zugeschnittener Beirat bringt immer deutlich mehr Vorteile als Nachteile. Die Einrichtung eines Beirats ist immer ein Gewinn für das Unternehmen. Denn selbst wenn der Beirat nur beratende Funktion hat, wird seine Tätigkeit immer darin münden, dass die Gesellschafter insgesamt und besonders die Geschäftsführenden Gesellschafter ihre Entscheidungen mit mehr Akribie und größerer Treffsicherheit fällen – für „Bauch-Entscheidungen" ist dann kein Platz mehr, wie Mariel Kleeschulte mit Recht betont.

Daher lassen Sie mich an dieser Stelle abschließend noch einmal die positiven Aspekte eines Beirats herausstreichen – und jeder der genannten Vorteile wiegt schwerer als alle vermeintlichen Nachteile zusammen:

– Der Beirat ist Sparringspartner und Kontrollorgan für die Geschäftsführung. Der geballte Sachverstand des Beratergremiums wird manche teure Fehlentscheidung verhindern helfen.

- Der Beirat und das dort versammelte Know-how steigert zweifellos die Wettbewerbsfähigkeit eines Unternehmens.
- Der Beirat schafft elegant manche Reibungsverluste aus der Welt, die in beiratslosen Unternehmen durch Meinungsverschiedenheiten zwischen Geschäftsführung und Gesellschaftern entstehen können.
- Der Beirat vermittelt ebenso erfolgreich bei Streitigkeiten innerhalb des Gesellschafterkreises.
- Schließlich stellt der Beirat eine potente und rasch aktivierbare personelle Reserve dar, falls Führungspersönlichkeiten ausfallen oder Krisen das Unternehmen bedrohen.

Anhang

Checkliste zur Einrichtung und Überprüfung eines Beirats

Wann soll ich meinen Beirat einrichten? Entscheiden Sie sich rechtzeitig und bewusst für den Beirat. ▶ Die Einrichtung eines Beirats in Krisenzeiten kommt meist zu spät.

Wie soll ich bei der Einrichtung meines Beirats vorgehen? Binden Sie Ihre Gesellschafter und die Geschäftsführung mit ein. ▶ Transparenz schafft Offenheit und Verständnis bei allen Beteiligten.

Welchen Nutzen soll mein Beirat stiften? Definieren Sie den gewünschten Nutzen Ihres Beirats. Beispiele: ▶ Management der Unternehmerfamilie ▶ Kompetenzergänzung für Gesellschafter ▶ Sparringspartner für die Geschäftsführung ▶ Begleitung der Nachfolge ▶ Notfallgremium

Welche Kompetenzen soll mein Beirat erhalten? Fordern Sie Ihren Beirat und übertragen Sie ihm ausreichende Kompetenzen. ▶ Die Kompetenz kann von nur beratend über Mischformen bis hin zu aufsichtsratgleichen Rechten und Pflichten reichen.

Wie sollen die innere und äußere Ordnung meines Beirats gestaltet werden? Schaffen Sie klare Rahmenbedingungen. ▶ Erstellung eines Beiratsstatuts für die Rechte und Pflichten des Beirats und Einbindung in den Gesellschaftervertrag ▶ Erstellung einer Beiratsgeschäftsordnung für die innere Ordnung des Beirats

Wie soll die Zusammensetzung meines Beirats sein? Holen Sie sich die Besten, denn jeder Beirat ist nur so gut wie seine Mitglieder. ▶ Achten Sie auf die notwendigen persönlichen und fachlichen Anforderungsprofile. ▶ Die Experten müssen auch als Team gut funktionieren. ▶ Zugehörigkeit: Neutrale, externe Experten ▶ Anzahl: Lieber weniger, dafür hoch qualifiziert

Wie hoch sind die Kosten meines Beirats? Die Vergütung hängt maßgeblich ab von Unternehmensgröße, Kompetenz und Anzahl der Sitzungen Ihres Beirats. ▶ Der Nutzen eines Beirats liegt bei optimaler Ausgestaltung jedoch erheblich über den Kosten. Daher gilt der Grundsatz: Lieber mehr bezahlen, dafür auch mehr fordern.

Wie soll die Arbeit meines Beirats gestaltet werden? Geben Sie Ihrem Beirat eine professionelle Arbeitsstruktur. ▶ Regelmäßige Sitzungen mit Tagesordnung und Protokollierung ▶ Grundsatz: nur notwendige Informationen (keine Bürokratie) ▶ Festgeschriebenes schriftliches Informationswesen in regelmäßigem Turnus

Wie soll die Überprüfung meines Beirats vorgenommen werden? Bewerten Sie regelmäßig und kritisch die Leistung Ihres Beiratsgremiums. ▶ Festlegung der Prüfungsinhalte (z.B. Informationsversorgung, Offenheit der Diskussionskultur) ▶ Festlegung des Prüfungsverfahrens (z.B. standardisierte Fragebögen, objektivierte Einschätzungen durch externen Berater) ▶ Grundsatz: Passen Sie den Beirat entsprechend den Ergebnissen der Prüfung an.

Auszug aus der Familienverfassung der Wrede Industrieholding GmbH & Co. KG vom 2.9.2003

Regeln für das Unternehmen

1. Wer führt das Unternehmen?

- Die Führung erfolgt durch Familienmitglieder oder Fremde.
- Der Geschäftsführer soll der persönlich und fachlich am besten geeignete Kandidat sein.
- Bei gleicher Qualifikation erhält das Familienmitglied den Vorzug.
- Ein Beirat entscheidet über die Auswahl und Abberufung der Geschäftsführer.

2. Beirat

- Die Gesellschaft hat einen mit Externen besetzten 3-köpfigen Beirat, der vergleichbare Befugnisse wie ein Aufsichtsrat einer Aktiengesellschaft besitzt.
- Die Beiratsmitglieder sollen besondere Qualifikation bei der Personalauswahl haben. Zusätzlich sollen sie eine hohe persönliche Integrität besitzen, die auf Ausgleich gerichtet ist.
- Die Gesellschafterversammlung wählt die Beiratsmitglieder mit 2/3-Mehrheit.
- Kommt ein Gesellschafterbeschluss innerhalb von drei Monaten nicht zustande, bestimmt der Präsident der IHK Arnsberg das Beiratsmitglied.
- Ist kein Gesellschafter in der Geschäftsführung vertreten, wird der Beirat um zwei Familienmitglieder, die Gesellschafter sind, erweitert. Der Beiratsvorsitz geht dann in Familienhand über.

3. Mitarbeit im Unternehmen

- Familienmitglieder und deren Ehepartner dürfen nicht in nachgeordneten Positionen des Unternehmens bzw. dessen Tochtergesellschaften arbeiten.
- Praktika sowie Ferienjobs stehen allen Familienmitgliedern offen.

Beiratsstatut für die Wrede Industrieholding GmbH & Co. KG

Präambel

Für den Beirat der Gesellschaft gelten die nachfolgenden Bestimmungen.

§ 1 Zusammensetzung des Beirats

(1) Die Gesellschaft hat einen Beirat, der aus drei Mitgliedern besteht.

(2) Mitglieder des Beirats können nicht sein:
a) Gesellschafter oder deren Angehörige i.S.d. § 15 AO,
b) Personen, die nicht über die Sachkenntnis und wirtschaftliche Erfahrung verfügen, die dem Umfang und der Bedeutung ihres Amtes entsprechen,
c) Personen, die das 75. Lebensjahr vollendet haben,
d) Personen, die bereits in zehn Unternehmen Mitglied eines Aufsichtsrats, eines Beirats oder eines vergleichbaren Gremiums sind,
e) Personen, die für ein Konkurrenzunternehmen im weitesten Sinne tätig sind oder einem solchen Unternehmen nahestehen,
f) Geschäftsführer der Gesellschaft oder eines von der Gesellschaft abhängigen Unternehmens im Sinne des § 17 AktG
g) Personen, die bei der Gesellschaft oder einem von der Gesellschaft abhängigen Unternehmen im Sinne von § 17 AktG angestellt sind,
h) Abschlussprüfer der Gesellschaft oder eines von der Gesellschaft abhängigen Unternehmens im Sinne von § 17 AktG

(3) Die Mitglieder des Beirats werden von der Gesellschafterversammlung mit mindestens 2/3 der abgegebenen Stimmen gewählt.

(4) Für den Fall, dass kein Gesellschafter Geschäftsführer der Gesellschaft oder der geschäftsführenden Komplementärin ist, gelten abweichend von den Absätzen (1) bis (3) folgende Regelungen:

a) Der Beirat kann zusätzlich um zwei Mitglieder erweitert werden.
b) Die weiteren zwei Beiratsmitglieder sind Gesellschafter der Gesellschaft.
c) Sie werden von der Gesellschafterversammlung mit einfacher Mehrheit der abgegebenen Stimmen gewählt.

(5) Das Amt eines Beiratsmitglieds endet mit:
a) Eintritt eines Ausschlusstatbestandes nach Abs. (2),
b) Tod eines Beiratsmitglieds,
c) Amtsniederlegung; diese kann von den Beiratsmitgliedern jederzeit ohne Angabe von Gründen mit einer Frist von vier Wochen zum Quartalsende durch schriftliche Erklärung gegenüber der Gesellschaft und dem Beiratsvorsitzenden erfolgen,
d) Abberufung; diese kann jederzeit ohne Angabe von Gründen durch die Gesellschafterversammlung erfolgen, jedoch nur dadurch, dass gleichzeitig ein neues Beiratsmitglied gewählt wird; der Beschluss für die Abberufung und die Neuwahl bedarf der Mehrheit von 2/3 der abgegebenen Stimmen.

(6) Endet das Amt eines Beiratsmitglieds, ohne dass gleichzeitig ein Nachfolger bestimmt ist (Fälle des Abs. (5) a) bis c)), so hat die Gesellschafterversammlung unverzüglich einen Nachfolger zu wählen. Ist der Nachfolger nicht innerhalb von drei Monaten nach dem Wegfall des Beiratsmitglieds gewählt, so ist er auf Antrag eines Geschäftsführers, eines Beiratsmitglieds oder von Gesellschaftern, denen mindestens 10% des Stammkapitals gehören, vom Präsidenten der Industrie- und Handelskammer Arnsberg zu bestellen.

§ 2 Rechte und Pflichten des Beirats

(1) Der Beirat hat zuvörderst die Geschäftsführung zu beraten und zu überwachen. Dazu wird in Abweichung und Ergänzung der bisherigen gesellschaftsvertraglichen Regelungen folgendes bestimmt:

a) Der Beirat ist zuständig für die Bestellung und Abberufung der Geschäftsführer, für ihre Entlastung sowie für Abschluss, inhaltliche Ausgestaltung und Beendigung ihrer Anstellungsverträge. Er hat dafür Sorge zu tragen, dass ohne Ansehen der Person stets die fachlich und persönlich geeignetsten Bewerber zu Geschäftsführern berufen werden und dass kein Geschäftsführer länger als bis zur Vollendung des 65. Lebensjahres in seinem Amt verbleibt.
b) Zur Vornahme von zustimmungspflichtigen Geschäften bedarf die Geschäftsführung der Zustimmung des Beirats. Der Katalog zustimmungspflichtiger Geschäfte ist in der Geschäftsordnung für die Geschäftsführung der Wrede Industrieholding GmbH und der Wrede Industrieholding GmbH & Co. KG aufgeführt.
c) Der Beirat kann von der Geschäftsführung jederzeit Auskunft über die Angelegenheiten der Gesellschaft verlangen und sich auch selbst darüber informieren. Er kann insbesondere die Bücher und Schriften der Gesellschaft sowie deren Vermögensgegenstände einsehen und prüfen. Er kann mit dieser Prüfung auch einzelne seiner Mitglieder oder – soweit erforderlich – auf Kosten der Gesellschaft besondere Sachverständige beauftragen. Die Mitglieder der Geschäftsführung sind verpflichtet, dem Beirat jede gewünschte Auskunft über geschäftliche Angelegenheiten zu erteilen. Der Beirat muss von der Geschäftsführung Auskunft zu bestimmten Angelegenheiten verlangen, wenn auch nur eines seiner Mitglieder dies wünscht.
d) Das Weisungsrecht der Gesellschafter wird über den Beirat ausgeübt.

(2) Der Beirat soll bei Meinungsverschiedenheiten der Gesellschafter vermitteln sowie regelmäßig über den Inhalt seiner Tätigkeit, insbesondere über die von ihm gefassten Beschlüsse, unterrichten. Die Beiratsmitglieder sind berechtigt und verpflichtet, an den Gesellschafterversammlungen teilzunehmen.

(3) Auf den Beirat sind die Bestimmungen des Aktiengesetzes über Aufsichtsräte nicht entsprechend anzuwenden.

§ 3 Innere Ordnung des Beirats

(1) Der Beirat wählt nach jeder Änderung seiner Zusammensetzung aus seiner Mitte einen Vorsitzenden. Die Bestellung gilt, solange die Beiratsmitglieder nicht ein anderes Beiratsmitglied zum Vorsitzenden wählen. Im Fall des § 1 Abs. 4 ist ein Beiratsmitglied Vorsitzender des Beirats, das gleichzeitig Gesellschafter ist („Gesellschafter-Beirat"). Die beiden Gesellschafter-Beiräte einigen sich einvernehmlich auf den Vorsitz. Ansonsten wird der ältere der beiden Gesellschafter-Beiräte Vorsitzender des Beirats.

(2) Der Vorsitzende vertritt den Beirat gerichtlich und außergerichtlich. Bei Gefahr im Verzug kann er die dem Beirat zustehenden Rechte auch ohne vorherigen Beiratsbeschluss ausüben; er hat jedoch in diesem Fall die übrigen Beiratsmitglieder unverzüglich zu unterrichten und die Gründe für die Unaufschiebbarkeit der Entscheidung darzulegen. Im Falle der Verhinderung des Vorsitzenden kann jedes Beiratsmitglied den Beirat vertreten.

(3) Der Vorsitzende hat die Beiratssitzungen einzuberufen. Er hat für eine Protokollierung der Beiratsbeschlüsse Sorge zu tragen und allen Beiratsmitgliedern das von ihm unterzeichnete Protokoll zuzuleiten.

(4) Der Beirat tritt zusammen, sooft es die Erfüllung seiner Aufgaben erfordert. Jeder Geschäftsführer und jedes Beiratsmitglied kann unter Angabe des Zwecks und der Gründe die Einberufung des Beirats verlangen. Er soll mindestens dreimal im Jahr zusammentreten.

(5) Beschlüsse des Beirats werden in Beiratssitzungen gefasst. Auf Anordnung des Vorsitzenden können Beschlüsse des Beirats auch im Umlaufverfahren gefasst werden, wenn kein Mitglied diesem Verfahren widerspricht.

(6) Der Beirat ist beschlussfähig, wenn die Mehrheit der Mitglieder, aus denen er zu bestehen hat (§ 1 Abs. 1), anwesend ist. Der Beschlussfähigkeit steht nicht entgegen, dass dem Beirat weniger Mitglieder als die in § 1 Abs. 1 festgesetzte Zahl angehören.

(7) Beschlüsse des Beirats werden mit einfacher Mehrheit der abgegebenen Stimmen gefasst.

(8) Im Übrigen kann der Beirat seine innere Ordnung durch eine Geschäftsordnung selbst regeln.

(9) Der Beirat kann die Teilnahme der Geschäftsführer verlangen.

§ 4 Haftung, Vergütung des Beirats

(1) Die Beiratsmitglieder haben ihre Entscheidungen nach bestem Wissen und Gewissen zu treffen.

(2) Die Beiratsmitglieder sind Dritten gegenüber zur Verschwiegenheit verpflichtet, diese Verpflichtung gilt auch nach ihrem Ausscheiden aus dem Amt fort.

(3) Die Beiratsmitglieder haften nur für Vorsatz und grobe Fahrlässigkeit. Im Falle grober Fahrlässigkeit ist ihre Haftung auf einen Höchstbetrag der dreifachen Jahresvergütung pro Mitglied begrenzt. Der Anspruch verjährt drei Jahre nach Entstehung.

(4) Die Beiratsmitglieder haben Anspruch auf Ersatz der ihnen bei der Ausübung ihres Amtes erwachsenden Auslagen sowie auf eine angemessene Vergütung (einschließlich etwa anfallender Mehrwertsteuer). Die Höhe der Vergütung wird von der ordentlichen Gesellschafterversammlung für eine Wahlperiode festgesetzt.

(5) Bei vorzeitigem Ausscheiden aus dem Beirat, gleich aus welchem Grund, erhält der Ausgeschiedene die Vergütung pro rata temporis. Ansprüche auf irgendwelche Abfindungen bestehen nicht.

§ 5 Wahlperiode

(1) Die Beiratsmitglieder werden für eine Dauer von fünf Jahren gewählt, die Wiederwahl ist möglich.

(2) Mit Vollendung des 75. Lebensjahres scheidet ein Beiratsmitglied automatisch aus.

Aufgaben, Umfang und Zusammensetzung des Beirats der Anonym GmbH & Co. KG

1.

Die Gesellschaft hat einen Beirat. Die personelle Zusammensetzung dieses Beirats soll die gleiche sein wie beim Beirat der Komplementär-GmbH. Er besteht aus drei bis sieben Mitgliedern. Die genaue Anzahl der Beiratsmitglieder und die Zusammensetzung des Beirats aus Gesellschaftern und nicht dem Gesellschafterkreis angehörenden Mitgliedern kann durch Gesellschafterbeschluss jeweils vor einer Beiratswahl oder Nachwahl neu festgesetzt werden (Festsetzungsbeschluss).

Der Festsetzungsbeschluss bedarf einer Mehrheit von 75% der anwesenden Stimmen. Ein Festsetzungsbeschluss ist solange wirksam, bis durch einen späteren Festsetzungsbeschluss die Anzahl der Beiratsmitglieder erneut bestimmt wird. Von den Beiratsmitgliedern muss bis zu einer Anzahl von vier Beiräten mindestens ein Mitglied und ab einer Anzahl von fünf Beiräten müssen mindestens zwei Mitglieder nicht aus dem Gesellschafterkreis stammen; diese Mitglieder sollen im aktiven Wirtschaftsleben stehen oder gestanden haben.

Der Beirat wird von den Kommanditisten in einer Gesellschafterversammlung, die beschlussfähig sein muss, in geheimer Abstimmung für die Dauer von drei Jahren gewählt. Alle Kommanditisten sind aktiv wahlberechtigt. Alle volljährigen Kommanditisten sind passiv wahlberechtigt, soweit die Beiratsmitglieder aus dem Gesellschafterkreis gewählt werden. Die Einzelheiten der Durchführung des Wahlverfahrens, insbesondere die Durchführung von Nachwahlen, werden in einer von der Gesellschafterversammlung beschlossenen Wahlordnung geregelt, die einer Mehrheit von 75% der anwesenden Stimmen bedarf. Die vorzeitige Abberufung eines Beiratsmitglieds ist durch Beschluss der Gesellschafterversammlung mit einer Mehrheit von mehr als 50% der anwesenden Stimmen zulässig. Ein Beiratsmitglied kann sein Amt durch Erklärung gegenüber der Gesellschaft mit einer Frist von drei Monaten niederlegen. Die Erklärung bedarf der Schriftform.

Endet die Amtszeit eines Beiratsmitglieds vorzeitig, hat die Komplementärin unverzüglich eine Gesellschafterversammlung für eine Nachwahl einzuberufen. Die Nachwahl eines Beiratsmitglieds (Ersatzmitglied) erfolgt für die verbleibende Amtszeit des gesamten Beirats.

Die Amtszeit eines Beiratsmitglieds beginnt mit dem Beginn des dem Geschäftsjahr der Wahl des Beiratsmitglieds nachfolgenden Geschäftsjahres. Die Amtszeit eines Ersatzmitglieds beginnt mit der Annahme der Wahl, frühestens mit der Bekanntgabe des Wahlergebnisses in der Gesellschafterversammlung. Die Amtszeit eines Beiratsmitglieds endet, vorbehaltlich einer vorzeitigen Abberufung oder Amtsniederlegung, mit dem Beginn der Amtszeit des neu gewählten Beiratsmitglieds.

2.

Der Beirat hat aus seiner Mitte einen Vorsitzenden zu wählen. Die Beschlüsse des Beirats werden mit einfacher Mehrheit gefasst. Bei Stimmengleichheit entscheidet die Stimme des Vorsitzenden.

Der Beirat ist beschlussfähig, wenn mindestens die Hälfte der Mitglieder, aus denen er nach dem Beschluss der Gesellschafterversammlung im Sinne des Abs. 1 zu bestehen hat, an der Beschlussfassung teilnimmt, sofern mindestens drei Beiratsmitglieder an der Beschlussfassung teilnehmen.

Das gilt auch, wenn dem Beirat weniger Mitglieder als in dem aktuell gültigen Gesellschafterbeschluss gem. Abs. 1 Satz 3 bestimmt, jedoch mindestens drei Mitglieder angehören. Ist der Beirat nicht beschlussfähig, weil ihm weniger als drei Mitglieder angehören, so werden die Rechte und Pflichten des Beirats von der Gesellschafterversammlung wahrgenommen. Die Gesellschafter sind jedoch verpflichtet, unverzüglich durch Wahl oder Nachwahl der Beiratsmitglieder für die Beschlussfähigkeit des Beirats Sorge zu tragen.

Die innere Ordnung des Beirats regelt im Übrigen eine Geschäftsordnung, die sich der Beirat selbst gibt.

Beiratssitzungen haben mindestens zweimal im Jahr stattzufinden.

3.

Die Geschäftsführer der Komplementärin sind auf Verlangen des Beirats verpflichtet, an den Sitzungen des Beirats teilzunehmen. Gesellschafter, die nicht im Beirat sind, aber in der Gesellschaft aktiv tätig sind oder waren, können ohne Stimmrecht an den Beiratssitzungen teilnehmen. Sie sind zu den Sitzungen einzuladen.

4.

Der Beirat hat insbesondere folgende Aufgaben:

a) Überwachung und Beratung der Geschäftsführung,
b) Vertretung der Kommanditisten in den ihnen vertraglich zustehenden Kontrollrechten,
c) Erteilung oder Ablehnung der Genehmigung zu den Geschäften, die der Zustimmung des Beirats bedürfen,
d) Prüfung und Festsetzung der der Komplementärin zu zahlenden Aufwendungen und Vergütungen,
e) Vermittlung in Streitfällen,
f) Prüfung und Billigung des Jahresabschlusses und der Gewinnverwendung sowie des konsolidierten Abschlusses der Anonym GmbH & Co. KG.

Der Beirat prüft den Jahresabschluss und den Vorschlag für die Verwendung des Bilanzgewinns. Er berichtet der Gesellschafterversammlung über das Ergebnis der Prüfung und nimmt zu Jahresabschluss und Gewinnverteilungsvorschlag Stellung.

Auf Antrag der Geschäftsführung der Komplementärin ist der Beirat verpflichtet, seine Entscheidung binnen einer Frist von zwei Wochen ab Zugang des schriftlichen Antrags zu treffen.

5.

Dem Beirat sind seine Auslagen zu erstatten. Die Beiräte erhalten, mit Ausnahme der ehemals aktiven Geschäftsführer, eine angemessene Vergütung, die von der Gesellschafterversammlung festzusetzen ist.

6.

Der Beirat hat das Recht, von der Geschäftsführung Auskünfte in allen Angelegenheiten der Gesellschaft und deren Beteiligungen zu verlangen.

Der Beirat kann die Vorlage aller Schriftstücke und Dokumente durch die Geschäftsführung verlangen.

7.

Jedes Mitglied des Beirats ist berechtigt, an allen Gesellschafterversammlungen teilzunehmen.

Geschäftsordnung für die Beiräte der Firmengruppe Anonym GmbH & Co. KG

Vorbemerkungen:
Diese Geschäftsordnung hat den Zweck, den Mitgliedern des Beirats ihre wesentlichen Rechte und Pflichten aufzuzeigen, die Zuständigkeiten abzugrenzen, Regeln für das Tätigwerden des Beirats festzulegen und so eine sinnvolle Arbeit des Beirats sicherzustellen.

In den Gesellschaftsverträgen der KGs ist jeweils die Bildung eines Beirats zwingend vorgeschrieben. Die Gesellschafter haben sich jedoch freiwillig entschieden, die Bildung dieses Organs im jeweiligen Gesellschaftsvertrag festzulegen.

Unter Bezugnahme auf die einschlägigen Bestimmungen des Gesellschaftsvertrags gibt sich der Beirat folgende

Geschäftsordnung

1. Gesamtverantwortung und Haftung
Der Beirat ist ein selbstständiges Organ der Gesellschaft. Er handelt eigenverantwortlich und hat ausschließlich die Interessen der Gesellschaft zu vertreten. Er ist nur der Gesellschafterversammlung verantwortlich.

Der Beirat besteht grundsätzlich aus der Gesamtheit der bestellten Beiräte. Er übt seine Tätigkeit stets gemeinsam als Einheit mehrerer Personen aus. Die Mitglieder des Beirats tragen in ihrer Gesamtheit die Verantwortung für die pflichtgemäße Erfüllung aller dem Beirat obliegenden Aufgaben.

Beiratsmitglieder können ihre Aufgaben nicht durch andere Personen wahrnehmen lassen. Eine Vertretung bei Abstimmung ist nicht zulässig.

Für spezielle Aufgabenbereiche kann der Beirat aus seiner Mitte Ausschüsse bilden, die befugt sind, in den ihnen übertragenen Aufgaben Entscheidungen zu treffen. Diese Ausschüsse sind verpflichtet, den Beirat über Beschlüsse unverzüglich schriftlich zu informieren. Die Beauftragung eines Ausschusses entbindet die Beiratsmitglieder nicht von der Gesamtverantwortung. Für die Tätigkeit eines Ausschusses gilt die Geschäftsordnung des Beirats analog.

Der Beirat ist berechtigt, auf Kosten der Gesellschaft außenstehende Sachverständige hinzuzuziehen.

2. Aufgaben und Pflichten

Die Aufgaben des Beirats sind in den Gesellschaftsverträgen festgelegt. Die einschlägigen Bestimmungen sind als Anlage beigefügt.

Der Beirat hat weder die Aufgabe noch die Befugnis, die Geschäftsführung aktiv anzuweisen.

Die Mitglieder des Beirats haben bei ihrer Tätigkeit die Sorgfalt eines ordentlichen und gewissenhaften Kaufmanns anzuwenden. Sie haben über alle vertraulichen Angaben und Geheimnisse der Gesellschaft jederzeit – auch nach dem Ausscheiden aus dem Beirat – Stillschweigen zu bewahren.

Diese Pflicht zur Verschwiegenheit besteht grundsätzlich auch gegenüber Gesellschaftern.

Aufgrund eines ausdrücklichen Beschlusses der Gesellschafterversammlung ist es jedoch jedem einzelnen Gesellschafter erlaubt, sich direkt mit Anliegen und Auskünften an den Beirat zu wenden. Insofern ist der Beirat von seiner Verschwiegenheitspflicht entbunden. In einem solchen Fall soll die Information eines Gesellschafters entweder in einer Sitzung des Beirats oder durch den Vorsitzenden oder durch ein vom Beirat beauftragtes Mitglied erfolgen.

3. Vertretung nach außen

Der Beirat wählt nach jeder Wahl von Beiratsmitgliedern aus seinen Reihen einen Vorsitzenden und einen stellvertretenden Vorsitzenden.

Der Beirat tritt nach außen in Erscheinung durch den Vorsitzenden, bei dessen Verhinderung durch den stellvertretenden Vorsitzenden. Der Vorsitzende hält den Kontakt und führt die Gespräche mit den Geschäftsführern des Unternehmens. Gegebenenfalls kann der Beirat mit der Wahrnehmung dieser Aufgaben auch ein anderes Mitglied betrauen.

Der Beirat kann den Vorsitzenden – oder grundsätzlich auch ein anderes Mitglied des Beirats – in Einzelfällen beauftragen und bevollmächtigen, persönlich und mit Bindung für den Beirat tätig zu werden. Der jeweils Beauftragte ist verpflichtet, den Beirat unverzüglich über sein Tätigwerden schriftlich zu informieren.

4. Konstituierung und Sitzungen

Nach jeder Veränderung in der Zusammensetzung des Beirats hat eine konstituierende Sitzung stattzufinden, in welcher der Vorsitzende und sein Stellvertreter neu gewählt werden.

Die Willensbildung des Beirats erfolgt in der Regel bei persönlicher Anwesenheit der Mitglieder in örtlich und zeitlich festgelegten Sitzungen, in denen durch Diskussion eine Willensbildung vorbereitet wird.

Auf Einladung des Vorsitzenden oder seines Stellvertreters können an den Sitzungen des Beirats auch Gäste ohne Stimmrecht teilnehmen. Die Teilnahme von Gästen kann auf einzelne Punkte der Tagesordnung beschränkt sein.

Der Beirat hat in jedem Geschäftsjahr mindestens viermal zu einer ordentlichen Sitzung zusammenzutreten. Gegenstand einer ordentlichen Sitzung ist die Entgegennahme des Finanz- und Investitionsplans sowie die Entscheidung über deren Genehmigung. Eine zweite ordentliche Beiratssitzung hat die Besprechung des durch die Geschäftsleitung vorgelegten Jahresabschlusses zum Gegenstand.

Sitzungen des Beirats werden durch den Vorsitzenden, im Verhinderungsfall durch dessen Stellvertreter, einberufen. Die Einberufung hat unter Einhaltung einer Frist von 14 Tagen zu erfolgen, die zwischen dem Tag der Absendung der Einladung und dem Tag der Sitzung liegen muss. Die Tagesordnung, insbesondere die Gegenstände der Beschlussfassung, sind mit der Einladung bekanntzugeben.

Sofern die Eilbedürftigkeit eines Gegenstands dies erfordert, kann der Vorsitzende oder dessen Stellvertreter den Beirat mit einer Frist von mindestens drei Tagen einberufen.

Jedes Mitglied des Beirats ist berechtigt, sowohl vorher als auch während einer Sitzung Themen zur Diskussion zu stellen.

Sitzungen des Beirates leitet der Vorsitzende, im Verhinderungsfall sein Stellvertreter oder ein Mitglied des Beirats, das von den anwesenden Beiräten als Sitzungsleiter gewählt wurde.

Eine Beschlussfassung ist in dringenden Fällen ohne Einberufung einer Sitzung im Wege schriftlicher oder telefonischer Abstimmung – auch per Telefax – zulässig, wenn der Vorsitzende des Beirats oder sein Stellvertreter eine solche Beschlussfassung veranlasst und kein Mitglied des Beirats diesem Verfahren widerspricht.

Von allen Sitzungen und Beschlussfassungen im Umlaufverfahren ist zeitnah eine Niederschrift zu fertigen, die vom Leiter der Sitzung und vom Verfasser der Niederschrift zu unterzeichnen ist, in jedem Fall ist die Niederschrift vom Vorsitzenden oder dessen Stellvertreter zu unterschreiben.

5. Beschlussfassung

Der Beirat ist beschlussfähig, wenn mindestens die Hälfte der Mitglieder – darunter der Vorsitzende oder sein Stellvertreter – anwesend sind oder beim Umlaufverfahren abstimmen können.

Jedes Mitglied des Beirats hat eine Stimme. Die Beschlüsse des Beirats bedürfen der einfachen Mehrheit der abgegebenen gültigen Stimmen, soweit nicht das Gesetz oder der Gesellschaftsvertrag eine größere Mehrheit vorschreiben.

Bei Stimmenthaltung gilt die Stimme als nicht abgegeben.

Sofern bei Abstimmungen im Umlaufverfahren ein Mitglied des Beirats sein Votum nicht innerhalb der vorgegebenen Frist abgibt, gilt dies als Stimmenthaltung.

Bei Stimmengleichheit entscheidet die Stimme des Vorsitzenden.

Bei Befangenheit hat sich ein betroffener Beirat der Stimme zu enthalten. Ist der Sachverhalt der Befangenheit nicht eindeutig, so hat das gesamte Beiratsgremium darüber zu beraten, ob Befangenheit vorliegt, und diesbezüglich einen Beschluss zu fassen. Bei dieser Beschlussfassung ist das betroffene Mitglied des Beirates nicht stimmberechtigt. Der Beschluss des Beirates ist für das betroffene Mitglied bindend.

6. Überwachungstätigkeit

Der Beirat ist berechtigt, zu seiner Information Personen zu hören, die nicht Mitglieder der Geschäftsleitung sind. Will der Beirat hiervon Gebrauch machen, hat er vorher die Geschäftsführung zu unterrichten.

Der Beirat kann auch dritte Personen um Auskünfte, Stellungnahmen und Gutachten bitten. Dies gilt insbesondere für den Steuerberater und Abschlussprüfer der Gesellschaft.

7. Schlussbestimmungen

Bei der Berechnung von Fristen wird der Tag der Absendung einer Nachricht und der Tag der gewünschten Reaktion bzw. der Sitzung nicht mitgerechnet.

Diese Geschäftsordnung tritt am ...... in Kraft. Sie gilt auf unbestimmte Zeit. Eine Änderung oder Neufassung ist möglich, wenn die Mehrheit der Mitglieder des Beirats dies beschließt.

Die Geschäftsordnung ist von allen Mitgliedern des Beirats zu unterzeichnen. Diese Fassung ersetzt die Fassung vom ...

Governance Kodex für Familienunternehmen[1]

Leitlinien für die verantwortungsvolle Führung von Familienunternehmen (Fassung vom 19. Juni 2010)

Vorbemerkung

Im Jahr 2004 haben INTES und „Welt am Sonntag" den ersten Governance Kodex für Familienunternehmen vorgestellt. Mit dem Kodex haben die Initiatoren den Familienunternehmen und ihren Partnern einen verlässlichen Rahmen für die Beurteilung und Optimierung ihrer individuellen Governance-Strukturen gegeben.
Auf Initiative von INTES und Die Familienunternehmer – ASU wurde der Kodex aus dem Jahr 2004 überprüft und weiterentwickelt. Dabei wurden die praktischen Erfahrungen mit dem Kodex sowie die theoretischen Diskussionen um die Governance in Familienunternehmen berücksichtigt. Zudem wurde die Kommission um weitere Unternehmer und Wissenschaftler ergänzt. Der Kommission Governance Kodex für Familienunternehmen gehören namhafte Unternehmer und Wissenschaftler an:

Kommission Governance Kodex für Familienunternehmen

Präsidium: Prof. Dr. Peter May (INTES) als Vorsitzender, Dr. Patrick Adenauer (Die Familienunternehmer – ASU) als stellvertretender Vorsitzender und Prof. Dr. Klaus Schweinsberg (INTES) als Generalsekretär
Weitere Mitglieder: Dr. Christoph Achenbach (INTES), Dieter Ammer (Ammer Partners GmbH), Jon Baumhauer (E. Merck KG), Stefan Dräger (Drägerwerk KGaA), Lutz Goebel (Henkelhausen GmbH & Co. KG), Dr. Andreas Hack (WHU – Otto Beisheim School of Management), Franz M. Haniel (Franz Haniel & Cie. GmbH), Karl-Erivan W. Haub (Unternehmensgruppe Tengelmann), Dr. h.c. Christoph Henkel (Henkel AG & Co. KGaA), Dr. Jürgen Heraeus (Heraeus Holding GmbH), Thomas Hoyer (Hoyer GmbH), Prof. Dr. Sabine Klein (WHU

1 Weitere Informationen zum Governance Kodex für Familienunternehmen sowie eine kommentierte Version des Kodex inklusive Glossar finden Sie unter www.kodex-fuer-familienunternehmen.de.

– Otto Beisheim School of Management), Prof. Dr. Hermut Kormann (Zeppelin University), Andreas Land (Griesson-de Beukelaer GmbH & Co. KG), Prof. Dr. Klaus Murmann (Sauer-Danfoss GmbH & Co. OHG), Andrea Prym-Bruck (William Prym GmbH & Co. KG), Florian Rehm (Mast-Jägermeister AG), Johannes Freiherr von Salmuth (Gebr. Röchling KG), Prof. Dr. Arist von Schlippe (Private Universität Witten-Herdecke), Bernhard Simon (Dachser GmbH & Co. KG), Michael Stoschek (Brose Fahrzeugteile GmbH & Co. KG), Dr. Peter-Alexander Wacker (Wacker Chemie AG), Dr. Thilo Wersborg (Precitec KG), Dr. Reinhard Zinkann (Miele & Cie. KG).

Präambel

Gute Governance gehört zu den Bestandteilen zeitgemäßer und nachhaltig erfolgreicher Unternehmensführung. Für Publikumsgesellschaften sind die wichtigsten Regeln im Deutschen Corporate Governance Kodex zusammengefasst. Für Familienunternehmen ist dieser aus verschiedenen Gründen nicht geeignet. Er setzt eine relativ hohe Homogenität der angesprochenen Unternehmen voraus; seine primäre Zielgruppe sind kapitalmarktorientierte Aktiengesellschaften. Familienunternehmen hingegen findet man in verschiedenen Rechtsformen, Größenordnungen, Finanzierungsformen und vor allem mit Inhaber-Strukturen, die von wenigen bis hin zu mehreren hundert Inhabern reichen. Sie stehen nicht nur für die Mehrzahl der Unternehmen und Beschäftigungsverhältnisse; sie übernehmen Verantwortung für die Gesellschaft und pflegen durch die generationsübergreifende Ausrichtung ihres Geschäftsmodells grundsätzlich einen verantwortungsvollen Umgang mit ihren Mitarbeitern und allen weiteren Stakeholdern.

Familienunternehmen bedürfen also einer auf ihre Bedürfnisse zugeschnittene Governance, die sich auf das Unternehmen und die Familie erstreckt. Dabei geht es weniger um den Schutz machtloser Anleger vor einem Fehlverhalten ihrer Treuhänder in den Verwaltungsorganen, als vielmehr darum, eine verantwortungsvolle Einflussnahme der Inhaber auf ihr Unternehmen sicherzustellen und die Familie als tragende Säule des Unternehmens auf professionelle Art und Weise in die Governance einzubinden.

Der hier vorgelegte Governance Kodex für Familienunternehmen richtet sich besonders an Inhaber von Familienunternehmen, die sich der Verantwortung für ein langfristiges, gesundes Miteinander von Unternehmen und Familie stellen. Er will diejenigen Inhaberfamilien unterstützen, die im Sinne einer ganzheitlichen Unternehmensführung einen Ausgleich zwischen den Interessen aller Stakeholder anstreben und die das ihnen anvertraute Unternehmen zum Wohle ihrer Familie, ihrer Kunden und ihrer Mitarbeiter für die kommenden Generationen erhalten wollen. Ziel des Governance Kodex für Familienunternehmen ist es, den Inhaberfamilien dabei zu helfen, die relevanten Fragen zu stellen und individuelle, auf die jeweilige Situation von Unternehmen und Familie zugeschnittene Antworten zu finden, die bei ausreichender Mehrheit geändert werden können. In diesem Sinne will der Governance Kodex für Familienunternehmen deutlich machen, welche Fragestellungen die Inhaber zur Sicherung guter Governance beantworten sollten. Dadurch ist er Prüfstein für die gemeinsame Willensbildung der Inhaber und unerlässliche Voraussetzung für das langfristige Überleben des eigenen Familienunternehmens. Des Weiteren steht er allen am Familienunternehmen Beteiligten als Leitfaden für die Beurteilung sowie für die weitere Optimierung und Anpassung der Governance des Familienunternehmens zur Verfügung.

Bei seinen Empfehlungen unterscheidet der Governance Kodex für Familienunternehmen zwischen den Formulierungen „soll" und „es wird empfohlen". Die Formulierung „soll" weist auf Empfehlungen hin, die für eine gute Governance unverzichtbar sind. Die Formulierung „es wird empfohlen" wird für Empfehlungen verwendet, von denen in begründeten Ausnahmefällen abgewichen werden kann.

1. Bekenntnis zu einem verantwortungsvollen Umgang mit der Inhaberrolle

Familienunternehmen stehen unter der bestimmenden Inhaberschaft einer Familie, deren Intention es ist, diese für mindestens eine weitere Generation aufrechtzuerhalten. Um sich am Markt erfolgreich zu behaupten und die gesellschaftliche Akzeptanz für das Modell Familienunternehmen zu stärken, sollen die Inhaber ein klares Bekenntnis zu einem verantwortungsvollen Umgang mit ihrer Inhaberrolle ablegen. Dazu gehört, geeignete Governance-Strukturen zu etablieren. In diesem Zusammenhang sind von den Inhabern insbesondere folgende Entscheidungen und Maßnahmen zu treffen und diese sowohl im Unternehmen als auch in der Inhaberfamilie umzusetzen.

1.1. Die Inhaber sollen festlegen, welchen Werten und Zielen sie sich mit Blick auf ihre familiäre Inhaberschaft und ihr Familienunternehmen verpflichtet fühlen.
Dabei sollen sie eine Festlegung treffen, inwieweit sie neben den berechtigten Interessen der Inhaberfamilie die Interessen anderer Stakeholder, insbesondere der Mitarbeiter und der Kunden, berücksichtigen und durch nachhaltiges Wirtschaften einen Beitrag zur Entwicklung der Gesellschaft leisten wollen.
Die Inhaber sollen festlegen, welchem Interesse im Kollisionsfalle der Vorrang gebührt, insbesondere inwieweit den Unternehmensinteressen der Vorrang vor den Individualinteressen der Inhaber zukommt.

1.2. Die Unternehmens- und Informationsstrukturen sollen so beschaffen sein, dass sie den Inhabern, einem etwaigen Aufsichtsgremium sowie der Unternehmensführung eine zutreffende Beurteilung der wirtschaftlichen und finanziellen Lage des Unternehmens sowie der Einhaltung der vereinbarten Werte und Ziele erlauben.

Die Inhaber sollen festlegen, ob und inwieweit diese interne Transparenz auch gegenüber externen Stakeholdern zur Anwendung kommen soll.

1.3. Unternehmen können nur so lange als Familienunternehmen erhalten werden, wie es ihnen gelingt, eine möglichst große Einigkeit innerhalb der Inhaberfamilie und deren Zustimmung zum Erhalt des Unternehmens als Familienunternehmen zu bewahren. Den Inhabern wird empfohlen, sich deshalb ausdrücklich dazu zu bekennen, der Führung der Inhaberfamilie einen vergleichbaren Stellenwert beizumessen wie der Führung des Familienunternehmens.

1.4. Die Inhaber sollen dafür Sorge tragen, dass neu hinzutretende Familienmitglieder (insbesondere Partner und Mitglieder der Folgegeneration) rechtzeitig an ihre unternehmerische Verantwortung als Inhaber eines Familienunternehmens und/oder Mitglieder einer Inhaberfamilie herangeführt werden.

2. Inhaber

Die Inhaber sind die oberste Entscheidungsinstanz. Innerhalb des von ihnen gewählten rechtlichen Rahmens besitzen sie die Befugnis, die Werte und Ziele festzulegen sowie die letztgültigen Entscheidungen zu treffen. Wenn sie diese Befugnis auf ein eigenständiges Aufsichtsgremium delegieren, tragen sie die Verantwortung für die Funktionsfähigkeit und Qualität dieses Gremiums. Bei der Wahrnehmung dieser Verantwortung ist insbesondere Folgendes zu beachten.

2.1. Inhaber in ihrer Gesamtheit

2.1.1. Bei der Festlegung der Werte und Ziele des Unternehmens und der familiären Inhaberschaft sollen die Inhaber eindeutige Aussagen zum Verbleib des Unternehmens in Familienbesitz sowie zur Rolle der Inhaber bei seiner Führung und Kontrolle machen.

2.1.2. Darüber hinaus sollen die Inhaber ihre Erwartungen an die unternehmerische Ausrichtung, insbesondere an das Verhältnis von Stabilität, Rentabilität und langfristigem Wachstum, hinreichend deutlich formulieren.

2.1.3. Dort, wo ein Aufsichtsgremium nicht gesetzlich vorgeschrieben ist, sollen die Inhaber entscheiden, ob und in welchem Umfang sie die ihnen zustehenden Befugnisse, insbesondere die Beratung und Kontrolle der Unternehmensführung, an ein freiwilliges Gremium delegieren wollen.

2.1.4. Die Inhaber sollen sich so organisieren, dass ihre Entscheidungsfähigkeit jederzeit gesichert ist.

2.1.5. Das Stimmrecht soll an die Höhe der Kapitalbeteiligung anknüpfen. Davon abweichende Sonderrechte zugunsten einzelner Inhaber oder Inhabergruppen sollen eindeutiger Regelung und besonderer Begründung bedürfen; es wird empfohlen, sie zurückhaltend zu handhaben.

2.1.6. Es wird empfohlen, Mehrheits- und Minderheitsrechte eindeutig festzulegen und angemessen auszubalancieren.

2.2. Einzelne Inhaber

2.2.1. Zu den zentralen Mitwirkungsrechten der Inhaber gehören
- das Recht auf Teilnahme an der Inhaberversammlung,
- das Stimmrecht,
- das Auskunfts- und Informationsrecht.

Bei der Wahrnehmung dieser Mitwirkungsrechte wird empfohlen, alle Inhaber gleich zu behandeln und ihnen die persönliche Ausübung der Mitwirkungsrechte zu ermöglichen. Es wird empfohlen, Abweichungen hiervon eindeutig zu regeln, besonders zu begründen und zurückhaltend zu handhaben.

2.2.2. Es soll festgelegt sein, von wem sich ein Inhaber in der Inhaberversammlung und bei der Ausübung seines Stimmrechts vertreten lassen kann. Bei Minderjährigen oder unter Testamentsvollstreckung stehender Inhaberschaft wird empfohlen, für eine angemessene Mitwirkungsmöglichkeit der zur Vertretung befugten

Personen Sorge zu tragen.

2.2.3. Für die Ausgestaltung der Auskunfts- und Informationspolitik des Unternehmens wird empfohlen, dass sie es allen Inhabern erlaubt,
- sich ein zutreffendes Bild der wirtschaftlichen und finanziellen Lage des Unternehmens sowie der Einhaltung der Werte und Ziele seiner Inhaber zu machen,
- sich mit den wichtigsten Aspekten der Geschäftstätigkeit des Unternehmens vertraut zu machen und seine Strategie zu verstehen,
- die Bindung zum Unternehmen zu stärken.

2.2.4. Die Inhaber sollen festlegen, ob, wie viele und unter welchen Voraussetzungen Mitglieder der Inhaberfamilie im oder für das Unternehmen arbeiten und/oder Leistungen aus dem Unternehmen beziehen dürfen.
Für den Fall, dass Mitglieder der Inhaberfamilie mitarbeiten, wird empfohlen festzulegen, nach welchen Regeln der Auswahlprozess erfolgt und wer über die Einstellung zu entscheiden hat.

2.2.5. Die Inhaber sollen eindeutig festlegen, welche Rechte und Pflichten sich für den einzelnen Inhaber aus seiner Inhaberrolle ergeben. Dies gilt insbesondere für
- die Teilnahme an der Inhaberversammlung,
- die Ausübung des Stimmrechts,
- die Geheimhaltung von Unternehmensinterna,
- die Unterlassung von Wettbewerb,
- die Sicherstellung, dass das Familienunternehmen durch Scheidungsfolgen, Pflichtteilsansprüche und/oder Erbschaftssteuer so wenig wie möglich belastet wird.

3. Aufsichtsgremium

Mit wachsender Unternehmensgröße und zunehmender Komplexität auf Inhaberseite wird auch denjenigen Familienunternehmen empfohlen, die dazu nicht von Gesetzes wegen verpflichtet sind, ein eigenständiges, freiwilliges Aufsichtsgremium einzurichten. Ein solches Gremium kann helfen, die Qualität und Objektivität bei der Beratung und Kontrolle der Unternehmensführung zu sichern. Bei der Konstituierung eines freiwilligen Aufsichtsgremiums ist Folgendes zu beachten.

3.1. Aufgaben des Aufsichtsgremiums

3.1.1. Die Inhaber sollen eindeutig festlegen, welche Aufgaben das Aufsichtsgremium hat. Sie sollen insbesondere festlegen, ob und inwieweit das Aufsichtsgremium zuständig ist für

- die Bestellung und Abberufung sowie sonstige die Unternehmensführung betreffende Personalentscheidungen,
- die Entscheidungen über einen möglichen Vorsitzenden oder Sprecher der Unternehmensführung, eine Geschäftsordnung sowie sonstige die interne Organisation der Unternehmensführung betreffende Entscheidungen,
- die Zustimmung zur Unternehmensstrategie, zur Unternehmensplanung, zu außergewöhnlichen Geschäftsführungsmaßnahmen oder sonst zur Mitwirkung an der Geschäftsführung,
- die Feststellung des Jahresabschlusses und der Gewinnverwendung

und in welchem Umfang es darüber hinaus in originär den Inhabern vorbehaltene Entscheidungen einzubeziehen ist.

3.1.2. Inhalt, Umfang, Art und Weise sowie Turnus der Berichterstattung der Unternehmensführung sollen eindeutig festgelegt sein. Gleiches gilt für darüber hinausgehenden Auskunfts- und Informationsrechte des Aufsichtsgremiums und die Fragen, inwieweit und ggf. welche Auskunftsrechte der Inhaber auf dieses Gremium übertragen werden sollen.

Berichterstattung sowie Auskunfts- und Informationsrechte sollen so ausgestaltet sein, dass das Aufsichtsgremium und seine Mitglieder jederzeit uneingeschränkt zur Wahrnehmung ihrer Aufgaben in der Lage sind.

3.1.3. Die innere Ordnung und Entscheidungsabläufe sollen so geregelt sein, dass das Aufsichtsgremium die ihm übertragenen Aufgaben im Sinne seines Auftrages wahrnehmen kann. Es soll sichergestellt sein, dass das Aufsichtsgremium angemessen oft zusammentritt und dass regelmäßig die Wirksamkeit seiner Tätigkeit überprüft wird.

3.2. Zusammensetzung des Aufsichtsgremiums

3.2.1. Struktur, Größe und Zusammensetzung des Aufsichtsgremiums sowie die Eignung seiner Mitglieder sollen der Größe des Unternehmens, der Komplexität der Inhaberstruktur und der übernommenen Verantwortung entsprechen.
Dabei wird den Inhabern empfohlen, zu berücksichtigen, dass familienunabhängiger Sachverstand im Aufsichtsgremium die Qualität und Objektivität seiner Arbeit verbessern kann.

3.2.2. Die Inhaber sollen insbesondere festlegen,
- in welchem Umfang die Inhaberfamilie im Aufsichtsgremium vertreten sein kann bzw. soll,
- wie die Mitglieder des Aufsichtsgremiums in ihr Amt berufen und aus ihm abberufen werden,
- welche Mehrheiten bei einer Wahl erforderlich sind,
- welche persönlichen Voraussetzungen für eine Mitgliedschaft erfüllt sein müssen,
- für welche Amtsdauer die Mitglieder des Aufsichtsgremiums berufen werden.

Dabei soll darauf geachtet werden, dass dem Aufsichtsgremium jederzeit Mitglieder angehören, die über die zur ordnungsgemäßen Wahrnehmung der Aufgaben erforderlichen Kompetenzen verfügen, und dass die Mitglieder des Aufsichtsgremiums im Interesse des Familienunternehmens und seiner Inhaber insgesamt handeln.

3.2.3. Die Inhaber sollen festlegen, ob und unter welchen Voraussetzungen ein Mitglied der Unternehmensführung nach seinem Ausscheiden zum Vorsitzenden des Aufsichtsgremiums berufen werden kann.

3.2.4. Den Inhabern wird empfohlen, eine Altersgrenze festzulegen, bei deren Erreichen die Mitglieder des Aufsichtsgremiums aus ihrem Amt scheiden sollen.

3.2.5. Bei der Auswahl der Mitglieder des Aufsichtsgremiums soll darauf geachtet werden, dass sie vom Unternehmen und von der Unternehmensführung unabhängig sind und Interessenkonflikte vermieden werden.

3.3. Vergütung, Haftung

3.3.1. Die Tätigkeit der Mitglieder des Aufsichtsgremiums soll angemessen vergütet werden. Die dabei gültigen Mechanismen sollen eindeutig festgelegt sein.

3.3.2. Grundlagen und Umfang einer möglichen Haftung der Mitglieder des Aufsichtsgremiums sollen eindeutig geregelt sein.

4. Unternehmensführung

Die Unternehmensführung leitet das Familienunternehmen im Rahmen ihrer gesetzlichen Verantwortung, der von den Inhabern vorgegebenen Werte und Ziele sowie der von ihnen geschaffenen Kompetenzordnung. Dabei ist im Einzelnen Folgendes zu beachten.

4.1. Aufgaben der Unternehmensführung

4.1.1. Die Unternehmensführung soll die strategische Ausrichtung des Unternehmens unter Berücksichtigung der Werte und Ziele der Inhaber entwickeln, sie mit den Inhabern und/oder dem von ihnen geschaffenen Aufsichtsgremium abstimmen und für ihre Umsetzung sorgen.

4.1.2. Die Unternehmensführung soll für die Einhaltung der gesetzlichen Bestimmungen und der unternehmensinternen Richtlinien (Compliance) sowie für ein angemessenes Chancen- und Risikomanagement im Unternehmen in Übereinstimmung mit den Werten und Zielen der Inhaber sorgen.

4.1.3. Über das Ergebnis ihrer Tätigkeit soll die Unternehmensführung den Inhabern und/oder dem von ihnen eingesetzten Aufsichtsgremium berichten. Das Nähere bestimmt sich direkt oder entsprechend nach 3.1.2.

4.2. Zusammensetzung der Unternehmensführung

4.2.1. Größe und Zusammensetzung der Unternehmensführung sollen an der Größe des Unternehmens und der übernommenen Verantwortung ausgerichtet werden.

Besteht die Unternehmensführung aus mehreren Mitgliedern, soll entschieden werden, ob es einen Vorsitzenden oder Sprecher geben soll. Darüber hinaus wird empfohlen, eine Geschäftsordnung und einen Geschäftsverteilungsplan aufzustellen sowie zu regeln, wer darüber entscheidet.

4.2.2. Die Bestimmung der Mitglieder der Unternehmensführung bedarf im Familienunternehmen besonderer Sorgfalt. Die Inhaber sollen deshalb insbesondere eindeutig festlegen, ob und unter welchen Voraussetzungen Mitglieder der Inhaberfamilie in die Unternehmensführung berufen und aus dieser abberufen werden können und wer darüber entscheidet. Diese Regelungen sollen klar, transparent und objektiv überprüfbar sein.

Gleiches gilt für ihre Entlastung, die Bestimmung ihrer Anstellungsverträge (einschließlich ihrer Vergütung) sowie alle weiteren Vereinbarungen mit ihnen.

Mitglieder der Inhaberfamilie und familienunabhängige Mitglieder der Unternehmensführung sollen grundsätzlich gleich behandelt werden.

Hat das Familienunternehmen mehrere Inhaber, empfiehlt es sich, aus Gründen der Versachlichung familienunabhängige Personen an den Entscheidungen über Familienmitglieder zu beteiligen.

4.2.3. Familienunternehmen sollen über eine langfristig angelegte Nachfolgeplanung verfügen. Es wird empfohlen, dass diese mindestens eine verbindliche Altersgrenze für Mitglieder der Unternehmensführung, Überlegungen zur Vorbereitung potenzieller Nachfolger, zur Auswahlentscheidung sowie zur Gestaltung des Übergabeprozesses enthält.

Darüber hinaus soll ein Notfallplan bestehen, der festlegt, was bei ungeplantem vorzeitigen Eintritt des Nachfolgefalls zu geschehen hat.

4.3. Vergütung, Haftung

4.3.1. Die Tätigkeit der Mitglieder der Unternehmensführung soll angemessen vergütet werden. Dabei soll eindeutig festgelegt sein,
- wer für die Entscheidung über die Vergütung zuständig ist,
- nach welchen Grundsätzen sie ermittelt werden soll,
- wer in welchem Umfang über die Höhe der Vergütung informiert wird.

4.3.2. Grundlagen und Umfang einer möglichen Haftung der Mitglieder der Unternehmensführung sollen eindeutig geregelt sein.

5. Ergebnisermittlung und -verwendung

Familienunternehmen müssen der Sicherung ihrer Kapital- und Liquiditätsbasis besondere Aufmerksamkeit widmen, da sie aufgrund ihrer generationsübergreifenden Orientierung auf die von den Familieninhabern zur Verfügung gestellten Finanzmitteln angewiesen sind. Bei der Ergebnisermittlung und -verwendung ist im Einzelnen Folgendes zu beachten.

5.1. Ergebnisermittlung

5.1.1. Die Inhaber sollen die bei der Aufstellung des Jahresabschlusses maßgebliche Bilanzierungs- und Bewertungsgrundsätze eindeutig festlegen. Sie sollen insbesondere im Grundsatz entscheiden, wie etwaige Bilanzierungs- und Bewertungswahlrechte auszuüben sind. Dabei wird empfohlen, sich vom Vorsichtsprinzip leiten zu lassen.

5.1.2. Es wird empfohlen, den Jahresabschluss eines Familienunternehmens auch dann von einem Abschlussprüfer prüfen zu lassen, wenn keine entsprechende gesetzliche Verpflichtung besteht.

5.1.3. Auswahl und Beauftragung des Abschlussprüfers sollen durch die Inhaber und/oder das von ihnen eingerichtete Aufsichtsgremium erfolgen.

5.1.4. Die Feststellung des Jahresabschlusses soll durch die Inhaber und/oder das von ihnen eingerichtete Aufsichtsgremium erfolgen.

5.1.5. Vor der Entscheidung über die Feststellung des Jahresabschlusses sollen die Inhaber und/oder ein von ihnen eingerichtetes Aufsichtsgremium ausreichend Gelegenheit haben, den Jahresabschluss und den Prüfungsbericht des Abschlussprüfers in angemessener Form zur Kenntnis zu nehmen.
Es wird empfohlen, dass der Abschlussprüfer an den Beratungen über den Jahresabschluss teilnimmt und mündlich über die wesentlichen Ergebnisse seiner Prüfung, insbesondere auch über die Konformität mit den vereinbarten Bilanzierungs- und Bewertungsgrundsätzen, berichtet.

5.2. Ergebnisverwendung

5.2.1. Die Regelungen über die Ergebnisverwendung sollen so ausgestaltet sein, dass sie einerseits die Erreichung der von den Inhabern vorgegebenen Stabilitäts-, Rentabilitäts- und Wachstumsziele befördern und andererseits helfen, Streitigkeiten im Inhaberkreis zu vermeiden.

5.2.2. Die Inhaber sollen sicherstellen, dass ein ausreichender Teil des nach Steuern verbleibenden Gewinns zur Stärkung des Eigenkapitals dauerhaft im Unternehmen verbleibt.

5.2.3. Zur Objektivierung der angemessenen Abwägung zwischen dem Finanzierungsinteresse des Unternehmens und dem Ausschüttungsinteresse der Inhaber wird empfohlen, die Höhe der Ausschüttung bzw. Thesaurierung von der Erreichung bestimmter Finanzkennziffern abhängig zu machen.

5.2.4. Darüber hinaus soll allen Inhabern der Mechanismus der Berechnung von Ausschüttung und Thesaurierung transparent gemacht werden.

6. Übertragbarkeit der Inhaberschaft, Ausscheiden aus dem Inhaberkreis

Um die bestimmende Inhaberschaft der Familie langfristig zu erhalten, sollen die Inhaber Vorkehrungen treffen, die sicherstellen, dass die Anteile am Unternehmen in der Familie bleiben. Dies führt zu einer systembedingten Einschränkung der Fungibilität der Anteile, die im Sinne eines angemessenen Interessenausgleiches zwischen Gruppen- und Individualinteresse austariert werden muss. Dies vorausgeschickt sind im Interesse einer guten Governance folgende Grundsätze zu beachten.

6.1. Die Inhaber sollen eindeutig festlegen, an wen die Inhaberschaft am Unternehmen ohne weitere Einschränkung übertragen werden darf.
Sie sollen ebenso eindeutig festlegen, unter welchen Voraussetzungen eine Übertragung an andere Personen zulässig ist und welche rechtlichen Folgen eine abredewidrige Übertragung an solche anderen Personen hat.
Entsprechend eindeutige Regeln sollen sowohl für die Übertragung unter Lebenden als auch von Todes wegen gelten.
Es wird empfohlen, dass die Inhaber letztwillige Verfügungen treffen, die mit den Vorgaben des Gesellschaftsvertrages (der Satzung) in Einklang stehen.

6.2. Als Ausgleich für die Einschränkung der Fungibilität gemäß 6.1. soll den Inhabern ein angemessenes Kündigungsrecht zugestanden werden. Die Inhaber sollen insbesondere eindeutig festlegen,
– unter welchen Voraussetzungen,
– in welchen zeitlichen Abständen,
– zu welchen Bewertungsregeln,
– mit welchen Auszahlungsmodalitäten
ein Inhaber aus dem gemeinsamen Familienunternehmen ausscheiden kann.

7. Family Governance

Wer ein Unternehmen langfristig in Familienbesitz halten will, darf sein Augenmerk nicht nur auf die unternehmerischen

Belange richten, sondern muss auch die Familie in den Blick nehmen und neben der Corporate Governance eine eigenständige Family Governance etablieren. Ziel dieser Family Governance ist es, das Zusammengehörigkeitsgefühl der Mitglieder der Inhaberfamilie und deren Identifikation mit dem Unternehmen zu stärken und langfristig zu festigen. Inhaberfamilien wird empfohlen, dafür Sorge zu tragen, diese Überzeugung in geeigneter Form an die nachfolgenden Generationen weiterzugeben.

Familienunternehmen und ihre Inhaberfamilien sind so verschiedenartig, dass es keine schematischen Empfehlungen für eine gute Family Governance geben kann. Die richtige Lösung muss individuell erarbeitet werden. Dabei ist im Einzelnen Folgendes zu beachten.

7.1. Ergänzend zu den Regeln der Corporate Governance (siehe 6.1.) soll im Rahmen einer Family Governance festgelegt werden,

- wer zur Inhaberfamilie gehört,
- unter welchen Voraussetzungen neue Familienmitglieder in die Inhaberfamilie aufgenommen werden,
- unter welchen Voraussetzungen die Zugehörigkeit zur Inhaberfamilie wieder verloren gehen kann.

7.2. Ebenso wie für das Unternehmen soll die Inhaberfamilie auch für die Familie Werte und Ziele erarbeiten und zu einem in sich schlüssigen Leitbild verbinden.

7.3. Es wird empfohlen, Regeln zu entwickeln zur Kommunikation innerhalb der Inhaberfamilie sowie zwischen Unternehmen und Familie, zum Umgang miteinander und zum Auftreten gegenüber der Öffentlichkeit.

7.4. Es wird empfohlen, ein Konfliktmanagement so zu gestalten, dass die Belange des Unternehmens durch Konflikte innerhalb der Inhaberfamilie nicht beeinträchtigt werden.

7.5. Je größer die Inhaberfamilie, desto mehr wird empfohlen, gemeinsame Aktivitäten durchzuführen und Verantwortlichkeiten für deren Durchführung festzulegen. Dazu gehört neben der sozialen Komponente auch die Qualifizierung der Inhaber.

7.6. Es wird empfohlen, die Bestandteile aus diesem Kodex individuell zu regeln. Diese Regelungen soll die Inhaberfamilie gemeinsam verabschieden und sie sollen für eine vereinbarte Laufzeit Gültigkeit besitzen. Es wird empfohlen, dass alle Regelungen nur mit einer vereinbarten qualifizierten Mehrheit vor Ablauf der Laufzeit geändert werden können.

Muster 1: Einladung zur konstituierenden Sitzung des Beirats

(Firmenbriefpapier)
persönlich
Anrede
Name
Firma
Straße

PLZ Ort
Datum

Konstituierende Beiratssitzung der .... (Firma)

Sehr geehrter Herr ....,

die Gesellschafterversammlung der .... hat Sie als Mitglied des neuen Beirats gewählt. Wir laden Sie hiermit zur konstituierenden Sitzung ein:

am ... um ... Uhr
im Haus der ....
......-Straße, ... (Ort)

mit anschließendem gemeinsamen Abendessen im ....

Anliegend erhalten Sie:

- Agenda
- Beiratssatzung der ....
- *(ggf. Gesellschaftsvertrag)*
- *(optional kurze Firmenpräsentation)*

Wir bitten Sie nochmals um die Bestätigung des Termins bei Frau ... unter Tel.: ... oder per E-Mail ...@..... Frau ... steht Ihnen jederzeit für weitere Rückfragen zur Anreise oder etwaigen Übernachtungsmöglichkeiten gerne zur Verfügung.

Wir freuen uns auf die 1. gemeinsame Sitzung und verbleiben mit freundlichen Grüßen

.... (Firma)

Teilnehmer der Beiratssitzung: Beiräte, Geschäftsführung
(ggf. Hausjurist)

Muster 2: Tagesordnung der konstituierenden Sitzung des Beirats

(Firmenbriefpapier)

Konstituierende Beiratssitzung
der ....
am ... in ...

Agenda

16:00 Uhr: Begrüßung .... (Name)

16:05 Uhr: Vorstellung .... (Name)

16:15 Uhr: Vorstellung der Beiratsmitglieder N.N.

17:00 Uhr: Vorstellung des Unternehmens .... (Name)
mit anschließender Aussprache & Fragen Alle

18:00 Uhr: Konstituierung des Beirats .... (Name, *ggf. Hausjurist*)
- Beschluss der Beiratsordnung
- Bestimmung des Vorsitzenden und des Stellvertreters
- Bestimmung des Protokollführers

18:15 Uhr: Schwerpunkte der Beiratstätigkeit Alle
- Erwartungen der Geschäftsführung
- Erwartungen der Beiratsmitglieder
- Informationen (Art, Umfang, Häufigkeit)

19:00 Uhr: gemeinsames Abendessen

Muster 3: Protokoll der konstituierenden Sitzung des Beirats

(Firmenbriefpapier)

Niederschrift
über die konstituierende Sitzung des Beirats der .... am.... in ...

Teilnehmer:
1. Herr ....
2. Herr ....
3. Herr ....
4. Herr ....

Im Anschluss an die Gesellschafterversammlung, in der die o.g. Teilnehmer zu Mitgliedern des Beirats gewählt worden sind, tritt der Beirat zu seiner konstituierenden Sitzung am ... zusammen. Die Sitzung wird um 16.00 Uhr von .... als Geschäftsführende Gesellschafterin eröffnet. Auf Zuruf werden Herr .... zum Vorsitzenden und Herr .... zum stellvertretenden Vorsitzenden jeweils einstimmig gewählt. Die beiden Herren nehmen die Wahl an.

Weiterhin wird die Beiratsordnung einstimmig beschlossen und Herr .... als Protokollführer bestimmt.

Nachdem die Beiratsmitglieder sich einvernehmlich darauf verständigt haben, am ...., den .... um .... Uhr in den Geschäftsräumen der .... zur nächsten Beiratssitzung zusammenzukommen, schließt der Vorsitzende die Sitzung um .... Uhr.

............, den ....
(Der Vorsitzende des Beirats)

Muster 4: Einladung zur Beiratssitzung

(Firmenbriefpapier)
persönlich
Anrede
Name
Firma
Straße

PLZ Ort
Datum

Beiratssitzung der ………………… (Firma)

Sehr geehrter Herr ....,

hiermit laden wir Sie zur nächsten Beiratssitzung ein. Sie findet statt

am … um … Uhr
im Haus der …………………
……-Straße, ……………. (Ort)

Tagesordnung

1.) Genehmigung der Niederschrift der Beiratssitzung vom ....
2.) Aktuelle Entwicklung und Lage der Gesellschaft im laufenden Geschäftsjahr
3.) Verabschiedung der Planungen für das Geschäftsjahr ....
4.) Beschlussfassung über den Erwerb eines Grundstückes zur Produktionserweiterung
5.) Beschlussfassung über eine Geschäftsordnung für die Geschäftsführung

6.) Präsentation des Vertriebes mit Vorschlägen zur Neuorganisation
7.) Verschiedenes

Der Einladung beigefügt sind die aktuellen Zahlen zu Tagesordnungspunkt 2, die Planrechnungen zu Tagesordnungspunkt 3 sowie der Entwurf einer Geschäftsordnung zu Tagesordnungspunkt 5. Die Unterlagen zu Tagesordnungspunkt 4 werden rechtzeitig vor der Sitzung nachgeliefert, Tagesordnungspunkt 6 wird in der Sitzung präsentiert.

............, den ....
(Der Vorsitzende des Beirats)

Muster 5: Protokoll einer Beiratssitzung

(Firmenbriefpapier)

Niederschrift
über die Sitzung des Beirats der .... am ... in ....

Anwesend:

Beirat:	Herr .... (Vorsitzender)
	Herr ....
	Herr ....
Geschäftsführung:	Frau ....
	Herr ....
	Herr ....
Gast:	Herr ....
Protokollführer:	Herr ....

Herr .... eröffnet die Sitzung um .... Uhr. (Ggf.: Herr .... ist entschuldigt). Er stellt fest, dass die Einberufung zur Sitzung sowie die Übersendung der Unterlagen rechtzeitig erfolgt sind.

Auf ausdrückliches Befragen erhebt sich gegen die Protokollführung durch Herrn .... kein Widerspruch.

TOP 1 Genehmigung der Niederschrift der Beiratssitzung vom ....

Die Niederschrift der Sitzung vom .... wird ohne Aussprache einstimmig genehmigt.

TOP 2 Aktuelle Entwicklung und Lage der Gesellschaft im laufenden Geschäftsjahr

Unter Hinweis auf die dem Beirat vorliegenden aktuellen Zahlen aus dem Rechnungswesen der Gesellschaft legt die Geschäftsführung die Umsatz- und Ertragsentwicklung für den letzten Monat vor der Beiratssitzung und für die bisherigen Monate des laufenden Geschäftsjahres dar. Sie erläutert ....

Auftragseingang und Auftragsbestand haben sich in den einzelnen Geschäftsfeldern wie folgt entwickelt:

Unter Berücksichtigung auch der bisherigen Entwicklung im laufenden Monat erwartet Herr .... für das Gesamtjahr eine Gesamtleistung von .... und ein Jahresergebnis von ....

Anschließend führt Frau/Herr .... zur Liquiditätslage des Unternehmens aus, dass ....

Die Personalsituation des Unternehmens stellt sich mit .... Arbeitnehmern nicht so wie erwartet dar, weil ....

Im Anschluss an den Bericht von Herrn .... beschäftigt sich der Beirat intensiv und kritisch mit den vorgelegten und berichteten Zahlen zur Geschäftsentwicklung und Lage der Gesellschaft, insbesondere mit ....

Herr .... vertritt die Ansicht, dass erheblicher Handlungsbedarf bestehe. Herr .... ergänzt, dass .... Die Geschäftsführung erwidert zu den Aussagen, dass ....

Abschließend stellt der Beirat fest, dass ....

TOP 3 Verabschiedung der Planungen für das Geschäftsjahr ....

Herr .... nimmt Bezug auf ....und schlägt vor, dass .... Nachdem der Beirat sich mit diesem Procedere einverstanden erklärt hat, erklärt Herr .... anschließend, dass für das kommende Geschäftsjahr ....

Nach einer kurzen Diskussion zu .... ist der Beirat einstimmig der Meinung, dass eine intensivere Erörterung der Planungen erfolgen soll; die Geschäftsführung wird gebeten, die überarbeiteten Planungen bis zum .... dem Beirat vorzulegen.

Die Sitzung wird von .... Uhr bis .... Uhr unterbrochen.

TOP 4 Beschlussfassung über eine Geschäftsordnung für die Geschäftsführung

Zu diesem Tagesordnungspunkt begrüßt Herr .... Herrn .... als Gast. Herr .... ist der Rechtsanwalt der Gesellschaft; der Entwurf einer Geschäftsordnung für die Geschäftsführung, der mit der Einladung zu dieser Sitzung versandt worden ist, ist von ihm erstellt worden. Herr .... wird gebeten, den Entwurf in den wesentlichen Grundzügen zu erläutern. Er beginnt damit .... und führt dann weiter aus, dass ....

Anschließend diskutieren Geschäftsführung und Beirat mit Herrn .... noch Fragen zu .... Es besteht Übereinstimmung, dass die Regelung in .... dahingehend abgeändert werden soll, dass .... ; ferner soll .... wie folgt lauten: ....

Nach Abschluss der Diskussion beschließt der Beirat einstimmig, dass die Geschäftsordnung für die Geschäftsführung mit den in der Sitzung abgestimmten Änderungen mit Wirkung ab .... in Kraft tritt.

Anschließend verabschiedet sich Herr .... und verlässt die Sitzung

TOP 5 ....

Nachdem die Beiratsmitglieder sich einvernehmlich darauf verständigt haben, am ...., den .... um .... Uhr in den Geschäftsräumen der .... zur nächsten Beiratssitzung zusammenzukommen, schließt der Vorsitzende die Sitzung um .... Uhr.

............, den ....

(Der Vorsitzende des Beirats)

Muster 6: Vereinbarung mit einem Beiratsmitglied

Die Gesellschafterversammlung .... hat durch Beschluss vom .... Herrn .... ab .... bis zum Ablauf der ordentlichen Gesellschafterversammlung im dritten Jahr nach seiner Wahl zum Mitglied des Beirats der Gesellschaft bestellt. Ausgehend davon vereinbaren die Unterzeichner das Folgende zu der Beiratstätigkeit von Herrn ....

(1) Grundlage für die Rechte und Pflichten von Herrn .... als Beiratsmitglied sind die Regelungen im Gesellschaftsvertrag und in der aktuellen Beiratssatzung nebst Beiratsgeschäftsordnung, die dieser Vereinbarung als Anlage beigefügt sind. Ergänzend gelten die nachfolgenden Bestimmungen dieser Vereinbarung.

(2) Herr .... erhält für die Dauer seiner Mitgliedschaft im Beirat eine jährliche pauschale Vergütung in Höhe von .... Euro zuzüglich etwaiger Mehrwertsteuer. Außerdem werden ihm seine erforderlichen Auslagen für seine Tätigkeit als Beiratsmitglied erstattet (beispielsweise Reisekosten).

(3) Herr .... haftet der Gesellschaft gegenüber nur bei vorsätzlicher oder grob fahrlässiger Verletzung seiner Pflichten als Beiratsmitglied. Im Fall grober Fahrlässigkeit ist seine Haftung auf einen Höchstbetrag von ..... Euro pro Mitglied begrenzt. Der Anspruch verjährt drei Jahre nach Entstehung.

(4) Diese Vereinbarung ist befristet für die Dauer der Bestellung von Herrn .... zum Beiratsmitglied und endet ohne weiteres automatisch mit dem Ende der Amtszeit bzw. einer vorzeitigen Abberufung von Herrn .... Herr .... ist berechtigt, sein Amt jederzeit ohne Angabe von Gründen mit sofortiger Wirkung durch schriftliche Erklärung gegenüber der Geschäftsführung der Ge-

sellschaft mit einer Frist von einer Woche zum Quartalsende niederzulegen. Die Amtsniederlegung gilt zugleich als Kündigung dieser Vereinbarung mit entsprechender Frist.

....	....
(Für die Gesellschaft)	(Der Vorsitzende des Beirats)

Der Autor

Dr. Christoph Achenbach, Jahrgang 1958, ist seit Anfang 2008 Partner bei INTES. Er verfügt über 20 Jahre operative Berufserfahrung aus verschiedensten leitenden Funktionen, vornehmlich in Familienunternehmen. So gehörte er seit 1997 dem Vorstand der Quelle AG an, seit 2001 als deren Vorsitzender. Zuletzt war Achenbach Sprecher der Geschäftsführung der Klingel Gruppe. Bei INTES deckt er zudem das ganze Spektrum der Beiratsarbeit von der Konzeption, Einrichtung und Unterstützung bei der Suche nach passenden Persönlichkeiten bis hin zur Erfolgskontrolle der Beiratsarbeit ab. Er ist Gesprächspartner für Unternehmer und Gesellschafter, die kein Beiratsgremium haben, und Ansprechpartner für alle Fragen zum Thema Corporate Governance, Aufsichtsrat und Beirat. Er ist als Mitglied in verschiedenen Beiräten und Aufsichtsräten aktiv.

Weitere Arbeitsschwerpunkte sind:
Unternehmer-Sparring, Beratung bei allen operativen und strategischen Fragestellungen, Coaching von und Sparringspartner für potenzielle Nachfolger sowie für junge Nachfolger in der Vorbereitung und bei der Übernahme von Geschäftsführungsaufgaben sowie Beratung und Unterstützung bei der Vermittlung von Beteiligungskapital.

Kontakt:

INTES Beratung für Familienunternehmen, Kronprinzenstraße 46, 53173 Bonn-Bad Godesberg
Telefon: 02 28/3 67 80-22
E-Mail: achenbach@intes-beratung.de